中国区域环境保护丛书
军 事 环 境 保 护 丛 书

军事生态环境保护

“军事环境保护丛书”编委会　编著

中国环境出版集团·北京

图书在版编目（CIP）数据

军事生态环境保护/“军事环境保护丛书”编委会编著.
—北京：中国环境出版集团，2021.10
（军事环境保护丛书）
ISBN 978-7-5111-4031-9

Ⅰ. ①军… Ⅱ. ①军… Ⅲ. ①军事—生态环境
保护—研究 Ⅳ. ①X171.4

中国版本图书馆 CIP 数据核字（2019）第 137230 号

出 版 人 武德凯
责任编辑 周 煜
责任校对 任 丽
封面设计 彭 杉

出版发行 中国环境出版集团
（100062 北京市东城区广渠门内大街 16 号）
网 址：http://www.cesp.com.cn
电子邮箱：bjgl@cesp.com.cn
联系电话：010-67112765（编辑管理部）
010-67175507（第六分社）
发行热线：010-67125803，010-67113405（传真）
印 刷 北京中科印刷有限公司
经 销 各地新华书店
版 次 2021 年 10 月第 1 版
印 次 2021 年 10 月第 1 次印刷
开 本 787×960 1/16
印 张 10.25
字 数 153 千字
定 价 48.00 元

【版权所有。未经许可，请勿翻印、转载，违者必究。】
如有缺页、破损、倒装等印装质量问题，请寄回本集团更换

中国环境出版集团郑重承诺：
中国环境出版集团合作的印刷单位、材料单位均具有中国环境标志产品认证；
中国环境出版集团所有图书“禁塑”。

军事环境保护丛书

编委会

主　任：

沈尤清

副主任：

刘　毅　董海鸿　谢朝新

委　员：

钱建余　王其涵　孙　欣　王兆军　陈军栋　谷兴利

张从远　徐献东　肖俊宏　翟光明　冯孝杰　查忠勇

谯　华　陈　勇　张　楠

《军事生态环境保护》

主　　编　冯孝杰　张　楠

副主编　秦　冰　翟光明

编写人员　仙　光　薛　明　谢朝新　谯　华　段中山
曾晨浩　查忠勇　陈　勇　袁　馨　刘婧婷
陈　逸　龙向宇　艾毅宁　张洪宇　周宁玉
敖　漉　李庆章　李永青　耿志强　马平平
王　博　彭小红　肖　晓

序言

人类的文明史，就是一部人与自然的关系史。无论是尼罗河畔的古埃及，还是两河流域的古巴比伦；无论是源自恒河的古印度，还是以黄河为摇篮的中华文明，都充分证明了人类文明的兴衰与自然环境密不可分。早在2 000多年前，中国古代先贤老子就提出“人法地，地法天，天法道，道法自然”，孔子曾说过“子钓而不纲，弋不射宿”，庄子也认为“天地与我并生，而万物与我为一”。这些思想闪耀着超越时代的智慧之光，深刻揭示了人类顺应自然、效法自然的生存法则，向世人昭示：只有与自然和谐相处，才能保证世间万物的可持续发展。

进入20世纪，随着全球人口的增长、工业化和城镇化进程的加快，自然资源消耗快速增长，环境污染日趋严重，生态系统越来越脆弱，人类赖以生存和发展的环境面临严峻挑战，保护环境、坚持可持续发展已成为人类的共识。改革开放以来，我国经济高速发展，现代化建设取得了举世瞩目的成就，但与此同时，能源枯竭、生态失衡、自然灾害频发等环境问题越来越严重，不仅阻碍了可持续发展，而且已经危及国家安全。解决这一问题，已成为摆在我们面前的重大现实课题。

党的十八大将生态文明建设提升到国家发展战略的高度，提出了“全面落实经济建设、政治建设、文化建设、社会建设、生态文明建设五位一体总体布局”。习近平总书记强调：“走向生态文明新时代，建设美丽中国，是实现中华民族伟大复兴的中国梦的重要内容。”军队环境保护和生态建设是社会主义生态文明建设的重要组成部分，响应党中央的号召，落实习近平总书记的指示精神，扎实搞好环境保护、生态建设，就是听党指挥，我们责无旁贷！我们要站在国家发展战略和实现强军目标的高度，发扬我军优良传统，以保护环境就是服务人民、保护环境就是保护战斗力的姿态，不辱使命，展现我军英雄之师、文明之师新形象，推动军事环境保护工作深入发展。

为更好地帮助全军官兵充分认清军队环境保护和生态建设的基本现状、发展趋势及使命任务，激励官兵积极投身建设美丽军营实践，中国人民解放军环境保护绿化委员会办公室组织编纂了“军事环境保护丛书”。这套丛书是“中国区域环境保护丛书”的重要组成部分，包括《军事环境科学研究》《军事环境保护管理》《军事环境污染防治》《军事生态环境保护》四个分册。丛书从不同侧面展示了我军在环境与生态保护研究、污染防治、区域生态恢复、生态营区建设管理、环境保护法制机制建立、监管体制完善、支援地方生态建设等方面取得的丰硕成果，突出反映了改革开放以来军队环境保护和生态建设工作的发展历程和重大举措，系统总结了军队在环境保护和生态建设实践中积累的宝贵经验，具有很强的知识性和科普性。

掩卷长思，任重道远。衷心祝愿军队环境保护和生态建设工作者在新的历史起点再立新功，为建设美丽中国、实现强军梦做出更大贡献！

“军事环境保护丛书”编委会

2016 年 10 月 28 日

目录

第一章 绪 论

军事生态环境保护是指为解决军事区域及其周边地区现实和潜在的生态问题，保障经济社会和军队全面建设可持续发展而采取的各项行动的总称，是国家生态环境保护事业的重要组成部分。军事生态环境保护的内容包括军队机关、院校、基地、仓库、医（疗养）院、训练场、靶场、机场、港口等驻地及周围军用土地的生态环境保护，还包括使用权归部队、林产权或地产权归地方的军事管理区域的生态环境保护，以及各种军事活动开展的生态环境保护与生态损害恢复等。

中央军委历来高度重视军事生态环境保护和建设工作，通过制定及颁布一系列法规、技术规范，大力加强宣传教育，实施污染源普查、污染综合整治、土地利用及林木资源详查、绿色营区和生态营区建设等专项活动以及支援地方生态建设，不断推进军事生态环境保护工作的深入发展，在生态建设与治理、生态示范创建和生态文明建设等方面取得了显著成效，为维护国家生态安全做出了突出贡献。

第一节 军事生态环境保护的目的和意义

一、军事生态环境保护的目的

改善生态环境、维护国土生态安全是利国、利民、利军的伟大事业。军事生态环境保护的目的是，通过加强军事区域及其周边的生态环境保护与建设，增加绿色资源，为部队战备训练和工作生活提供良好的生态环境和生活环境，以促进军队的全面建设。具体表现在以下几个方面。

（1）改善驻地生态环境，减轻大环境压力。生态环境是一个公共产物，生态环境的改善需要生活在同一环境中的人们的共同努力。军队是一个生活和活动在国家疆土之上的特殊武装集团，军事区域的生态环境与其所处地域的生态环境密不可分，相互制约、相互影响。通过军事生态环境保护，可以加强生态环境管理和建设、扩大生态区域、增加生物量、保护生物多样性，减轻大环境生态压力。

（2）改善营区环境质量，提高部队战斗力。随着生活水平的提高和官兵对自然环境认识的加深，生态环境在营区管理建设中的地位就显得越来越重要。加强军事生态环境保护不仅可以调节微气候、净化空气、改善环境、保障广大官兵的身心健康、提高部队战斗力，还可以通过营区四周外围的绿色屏障（防护林带）起到防止山体滑坡、泥石流、洪涝灾害等作用，保证住用安全，保持部队稳定。同时，加强各类生态系统建设，还可为部队的训练、战备及后勤保障提供明显的军事经济效益。例如，在后方物资和食品供应不及的情况下，森林内大量的替代食物、药材等可以直接代替粮食和药品，缓解部队需求。

（3）加强军事防御，保障军事安全。生态系统中绿色植物是有生命的天然伪装防护材料，具有真实、持久、经济以及易与周围环境融为一体等特点，平时可有效降低被敌方远红外、可见光、雷达等先进仪器侦测发现的概率，使官兵能在相对安全的环境下开展军事活动；森林生态系统是军事目标的“天然屏障”，可以隐蔽军事装备、军事工程、地下指挥系统、后勤仓库等固定军事目标，战时茂密的树木可作为“天然掩体”阻击地面敌人，使指战员能打、能防、能藏、能机动，减轻敌方的打击和破坏，以争取时间歼灭敌人，保存有生力量。随着军事科技的飞速发展，现代战争虽然呈现出立体战、信息战及军事伪装形成的多元化、隐身化等新的特征，但是，从科索沃、阿富汗等几场战争的具体情况分析来看，采用传统的天然伪装、植被伪装仍是现代战争中保护自我、减少损失常用且十分有效的伪装手段。

二、军事生态环境保护的意义

生态环境是由各种自然要素按照一定的组合规律所构成的自然系统，它是人类生存和发展的物质基础。生态环境不是战斗力的独立要素，但它却能渗透到战斗力的各要素和军队工作的各方面，从而影响战斗力的发展。

首先，生态环境为军队的生存和一切军事活动提供必要的资源基础和空间，没有良性的生态环境保证军队活动所需资源的种类、数量和质量，并持续地保证这种良好的资源再生产能力，军队的存在就难以为继，部队的战斗力也就无从谈起。

其次，良性循环的生态环境能及时吸纳军事活动中产生和反馈的各种污染物，维护良好的军队生存和活动环境，使部队战斗力得以保持和提高。

再次，在构成战斗力的诸多因素中，人的因素始终是第一位的。生态环境为人类生存提供了基本要素和空间，良性的生态环境依靠自身系统的正常运行，吸纳污染，消解和抵御各种自然灾害，给人类提供充足、洁净的空气、水、生活资料和舒适优美的生活环境，从而保证人们的健康生活。如果由于环境的恶化，使部队官兵生活艰辛、身体羸弱，战斗力就无法保证。另外，优美舒适的军营环境，可以培养和陶冶人的情操，消除各种精神压力，创造拴心留人的氛围，有利于提高部队的吸引力、凝聚力，从而不断提高部队的战斗力。

最后，良好的战场环境也是保证战斗胜利的重要条件之一。环境条件对部队的行动及战斗力的保存、维持和充分发挥都具有极其重要的意义。

第二节　军事生态环境保护的任务和原则

一、军事生态环境保护的基本任务

（一）营区生态环境保护与建设

营区是部队官兵工作、生活的主要空间，也是军队开展战备、训练、试验等军事活动，形成和储备战斗力的重要场所。大力开展营区绿化建设，切实加强营区生态环境的综合整治，是军队生态环境保护工作一项最为直接的任务。具体包括营区合理规划与布局，道路、绿化、污染治理设施的完善配套，能源资源合理利用等。这里所说的营区，是一个广义的大营区的概念，包括军队管理和使用的办公区、生活区、训练场、试验场、机场、港口等。

（二）军事区域三荒治理

军事区域三荒治理主要是对位于训练场、靶场、机场、仓库、试验基地、副食产品生产基地、军马场等军事区域内的荒山、荒地、荒滩，进行以植树种草、封山育林（草）等为主的生态治理活动。

（三）保护驻地生态环境资源

保护驻地生态环境资源主要是指在进行军事设施建设、战备训练演习、武器装备试验使用和报废等各类军事活动中，注意合理利用自然资源，保护驻地自然生态环境，防止或尽量减少对自然环境的损害，并采取各种措施，切实加强军事活动生态环境损害的恢复等。

（四）支援地方生态环境建设

支援地方生态环境建设主要是指积极组织官兵参加营区外义务植树活动，以及根据驻地需要支援地方重大生态环境建设工程等。

二、军事生态环境保护的基本原则

（一）属地管理原则

军队的生态环境保护工作是国家环保事业的重要组成部分，必须服从服务于国家和地方环境保护规划特别是生态环境保护规划，依法接受国家和地方政府的指导和监督，遵守国家环境保护法律法规。

（二）统一监管原则

军队生态环境保护工作由中央军委及其设立的全军环保绿化委员会统一领导，各级首长负总责。各级环保主管部门对整个军队生态环境保护工作实施统一的监督管理。

（三）分工负责原则

动员全军力量，调动和发挥全体官兵及各部门的积极性，在生态环境主管部门的统一规划和监督管理下，各业务部门按照职能具体负责本部门、本系统的生态环境保护工作，使全军的生态环境保护工作得到全面、整体、协调的发展。

（四）协调发展原则

军队的生态环境保护工作必须与军队的全面建设同步规划、同步实施、协调发展。要将生态环境保护工作融入军队的各项工作之中，在军队的全面发展中绿化、美化环境，在生态环境的改善和提高中推动军队建设的全面、协调、可持续发展。

第三节 军事生态环境保护发展历程

绿化国土、改善环境，是推动国家经济社会可持续发展的一项战略任务，也是人民军队一项十分光荣的使命。中华人民共和国成立，特别是改革开放以来，全军和武警部队在加速推进国防及军队现代化建设的同时，大力开展生态环境建设，实现了从军队自成体系到纳入国家总体规划、从少量军费投入到国家集中投入、从局部单项治理到大规模综合治理、从建设绿色营区到创建生态营区的历史性跨越，主要表现在以下几个方面。

一是生态环境保护法规和管理体制建设得到加强。军队先后制定并颁布《中国人民解放军环境保护条例》《中国人民解放军绿化条例》等 30 多部法规标准，规范建设项目、资金使用和经常性管理，确保了军队生态建设的健康发展。二是生态建设与治理工作成效显著。近 30 年来，全军和武警部队坚决贯彻党中央、国务院和中央军委的战略部署，积极参加义务植树和造林绿化，共投入 3 700 多万人次、义务植树 4.86 亿株、飞播造林 9 200 万亩[①]；完成军事区域三荒造林 1 270 万亩、林草管护 3 300 万亩；连续两届获得“中国绿化博览会”最高奖；990 多个单位和个人受到国家表彰。在高寒山地造林，盐碱地、石漠化、沙地生态综合治理及保护母亲河行动中发挥着主力军、样板示范的作用。三是生态示范创建工作强力推进。深入开展绿色营区、生态营区创建活动，从雪域高原到黄土高坡，从漠河山岭到南沙群岛，军队营区内无不郁郁葱葱、生机盎然。先后有 1 200 个营区被评为绿色营区和生态营区。四是生态环保观念深入官兵心中。结合植树节、世界环境日等有利时机，部队各级扎实开展知识竞赛、板报评比等活动，大力宣传先进典型和造林绿化成就，积极弘扬生态文明新知识和新理念。通过广泛开展新兵入伍栽“扎根树”、老兵退伍栽“纪念树”、建设“党员林”“团员林”“青年林”等群众性活动，使造林绿化、保护生态的观念深入人心，官兵生态意识明显增强。

① 1 亩≈666.67 m^2。

一、军队生态环境保护起步阶段（20 世纪 50 年代至 80 年代）

军队生态环境保护工作起步于营区绿化和林木资源保护。中华人民共和国成立初期，随着全军驻防相对稳定及营区建设规模逐步扩大，官兵积极响应毛泽东同志“实现大地园林化”的伟大号召，开始在营区四旁植树，有些部队进驻旅游景点、森林保护区，加强了林木资源的保护工作，防止了人为破坏。20 世纪 70 年代军队利用营区空闲土地逐步发展成片林。但是，由于军队生态建设工作没有专门的管理机构和经费支持，绿化成效不够明显。

二、军队生态环境保护发展阶段（20 世纪 80 年代至 20 世纪末）

这一时期是军队生态建设从小到大，从分散到集中，从盲目到有计划、有目标发展的关键时期。1982 年我国开展全民义务植树运动以后，全军建立了完善的环境保护和绿化的领导、管理机构，并结合军队生态建设和环境保护工作的实际，先后制定并颁布了《中国人民解放军环境保护条例》《中国人民解放军绿化条例》和与之相配套的《军队绿化工作规定》《军队营区植树造林与林木管理办法》《军队林场果园管理办法》《军队绿化档案资料管理规定》《园林式营院标准及评选办法》《绿色营区标准及评选办法》等一系列法规和标准制度。《中国人民解放军内务条令》《中国人民解放军基层后勤管理条例》等把营区绿化纳入军队全面建设，使营区绿化工作切实做到有章可循、有法可依，逐步走上了法制化、规范化的轨道。

为了保证营区绿化工作的持续、稳定发展，中国人民解放军环保绿化委员会根据营区绿化建设需要，提出了不同时期的奋斗目标。经过全军共同努力，营区绿化工作 20 年内迈上了 3 个台阶：“七五”期间，全军提出营区绿化“四有”（春有花、夏有荫、秋有果、冬有青）的目标，在“绿”的基础上向美化发展，树木花草品种由单一型向多样型发展；“八五”期间，提出营区实现“花果化、园林化”的目标，同时又提出“一林、二化、三自给”（凡是能造林的地方都建成果木林、用材林；实现营区花果化、园林化；实现苗木自给、营房用材和绿化经费基本自给）的总目标，使绿化远近目标更加明确，全军上下集中有限的财力、物力、人力，加大了营区果木基地化建设，扩建了 300 亩以上的果园 144 个，万亩以上的林场 40 个，80%的营区达到了园林式营院标准，营区绿化形成了较大规模，进入蓬勃发展时期；“九五”期间，为了巩固绿化成果，又提出了“两绿、两好”和“增资源、上水平、创效益”的目标，具体要求是消灭营区宜绿裸露土地，实现“路旁林荫化、小区花园化、空地植被化、空间立体化”和义务植树基地化，更好地发挥营区绿化的实用和观赏功能，扩大营区绿化规模，使全军营区绿化覆盖率平均达 35%。

三、军队生态环境保护快速发展阶段（21 世纪初至今）

进入 21 世纪，面对全球环境日益恶化、世界军事变革的新形势和新任务，全军贯彻执行党和国家关于经济建设与生态建设相互协调的可持续发展战略，积极打造营区生态建设与管理的新模式，加强了生态科普知识、专业基础知识的普及，以及生态建设技术信息的交流，广泛开展了创建“绿色营区”“生态营区”的活动，加快了军事区域三荒造林和植被恢复等生态工程建设的步伐。坚持把营区绿化与生态环境保护紧密结合起来，与军事斗争准备紧密结合起来，与保护人类生存的生态环境紧密结合起来，下大力提高绿化工作质量，使军队生态建设工作朝着科学化、规范化、信息化、系统化的更高目标跨越式发展。2000 年，党中央、国务院做出了实施西部大开发的战略决策，把生态环境建设作为实施西部大开发的重要措施和切入点。经中国人民解放军环保绿化委员会办公室与国务院西部地区开发领导小组办公室、国家计委、财政部、国家林业局等有关部门沟通协调，2002 年 10 月 11 日，国务院西部地区开发领导小组会议决定，将军事区域三荒造林纳入国家生态建设范围，统一规划、同步建设。从 2003 年起，军事区域的三荒造林被纳入国家生态建设轨道，成为国家六大林业工程之一的退耕还林工程的一个重要组成部分。军事区域进行三荒治理，既是军队对国土绿化的重要贡献，也对改善营区生态环境、增强部队凝聚力、促进军队全面建设具有重要意义。全军部队在搞好营区绿化和积极支援地方生态建设的同时，还以多种形式实施三荒成片造林，军政结合、军民结合及专业护林队并举，多元化管护、抚育森林资源，已在军事区域营造和管护了数千万亩林木资源，为国家和驻地生态建设做出了重大贡献。

第二章　营区生态环境保护

营区生态环境是保障战斗力、凝聚军心的重要条件，是保障和促进军队建设全面协调可持续发展的基础，是建设资源节约型、环境友好型社会的重要组成部分。从四旁植树、园林式营院建设到绿色营区和生态营区建设，军队营区生态建设正朝着自然化、和谐化、人性化和可持续发展的方向积极推进。

第一节　概述

一、目的及意义

营区是军队日常工作、生活和训练的主要场所，加快营区生态环境建设的步伐，可以改善部队驻地的生态小环境，减轻生态环境压力，建立人与自然和谐发展的关系，增加国家绿色资源，创造生态安全、生态文明、生态文化的条件，为部队战备训练及工作、学习、生活提供良好的环境，对促进部队物质文明、精神文明以及军队全面建设，都有着十分重要的意义。

二、主要内容

营区生态环境建设是一项工作量很大的系统性工程，包括生态规划编制、自然环境保护、资源合理利用、环境污染防治、绿化水平提高、绿色建筑推广、管理机制完善、生态文化培育等多方面的内容。营区生态环境建设根本上是要满足居住功能、军事功能和文化功能整体协调，实现营区的可持续发展，必须坚持以人为本、军队特色、因地制宜、系统协调、工程带动、全员参与、创新发展。要科学规划，精心进行生态技术设计；要强化领导，做到齐抓共管；要更新观念，营造生态营区良好氛围；要科技引导，推进生态营区工程建设。

三、主要特点

除与地方相同的法定性、公益性、义务性的特点外，营区生态环境建设还有其自身的特点。

（1）军事伪装性。根据军事战略需要，在军事区域内大量种植树木花草，采取植物色彩的巧妙搭配或改变形状等方法，对军事固定目标和运动目标进行遮障、覆盖等，以防敌方的突然袭击和空中侦察，达到隐蔽自己、迷惑敌人的目的。

（2）专业综合性。军队的生态环境建设与管理，由于受军队编制体制限制，所有与地方相同的环保业务均由一个部门负责，利用军地成熟的规划设计理论、工程技术、栽培管理技术、军事伪装理论和技术来组织实施。

（3）布局规整性。营区营房是一个特殊建筑群体，相对集中，比较整齐，营院办公区和军事活动区的绿地布局一般以相对规则为主，以方便军事行动，使营区生态环境与军队严谨的工作作风相协调，体现军营的统一性、规整性。

（4）参与广泛性。营区生态环境建设与管理依靠发动官兵，群策群力、群建群管，自力更生、艰苦奋斗、广泛参与，从将军到士兵、从职工到家属人人参加，共同参与、共同建设、共同维护。

（5）地域多样性。我国地域辽阔，部队驻地高度分散，有的驻扎在人口密集的大中城市，有的驻扎在地广人稀的乡村荒野，有的驻扎在气候恶劣的高原戈壁，还有的驻扎在条件艰苦的边防海岛，从南到北，从东到西，气候、土壤等自然条件差异很大，在营区生态环境建设与管理中，只有不断地深入调查研究，才能把营区环境建设好、管理好。

四、主要成效

截至 2012 年年底，全军和武警部队共创建绿色营区及生态营区累计达 1 200 个，其中近百个营区达到了环保节能、自然和谐、可持续发展的生态营区建设标准。全军营区种植各类树木3.2亿多株，除少数边远艰苦地区外，营区宜绿裸露土地基本实现绿化覆盖，全军80%以上的营区实现“四旁有荫，空地有绿，小区有景，四季常青”。治理各类污染，生活污水、锅炉烟尘和噪声达标治理率达到90%以上，营区环境建设正由单一绿化美化逐步向生态环保型转变，营区环境质量明显提高，为部队战备训练和官兵日常生活创造了安全、舒适的环境。无论是在城市的高楼大厦之中，还是在荒野高原之上，绿色军营都像是镶嵌在神州大地上的璀璨明珠，闪耀着熠熠光辉。

第二节　主要做法

一、进行科学生态规划设计

营区生态环境规划是生态营区创建的前提和基础，是营区生态环境管理发展的龙头和总纲。营区生态环境规划要严格按照功能协调、符合生态平衡的原则和资源节约、环境友好的要求，紧紧围绕保护和提高部队战斗力，运用系统观点和生态技术，寻求部队发展和生态环境建设的有机结合，通过制定科学完善的营区生态环境建设规划，明确发展目标、具体任务和建设计划，使良好的生态环境为军事功能提供持续、有效的保障和支持。

营区生态环境规划需要优化整合营区的自然生态环境、军事活动和生活居住建筑三大系统，协调各系统之间的关系，涵盖营区选址、营区功能分区、营区绿地规划、营区道路设计、营区建筑设计等主要内容，包括开展计划筹备、生态要素调查、生态分析与评价、规划方案制定、方案评审与选择、执行与后评价六大阶段工作。由于营区生态环境规划的对象是一个由自然生态要素和人工要素共同构成的复合生态系统，因子众多、复杂多变，同时由于各部队、机关、院校、医院、后方仓库、科研院所等执行的军事任务各不相同，所处的地理位置不同，生态营区规划建设项目的重点也不同，必须按照“区别对待、因地制宜”的原则进行规划设计。经过多年的实践，在营区生态环境规划工作上形成的共识为：

一是把满足军事需要放在优先地位。营区作为军队屯兵习武的重要场所，对军队战斗力的培育、生成、提高和蓄积有着重要的作用。营区的规划设计要坚持以提高战斗力为根本出发点和落脚点，始终围绕提高信息化条件下的打赢能力这个战略目标展开，突出军队特色，服务军事需要，保护和提高部队凝聚力、战斗力，推动军队整体建设的全面、协调和可持续发展。

二是要符合节约原则。在满足军事功能、景观功能和安全要求的前提下，必须注意有效而经济地使用人力、物力和财力。在具体的设计上，要立足国情和军情，尽可能地节能、省地，注意生态保护和景观维护的经济性、科学性。

三是重视运作管理效益。重视基本设施的配套建设，加强营区硬件、软件和信息化条件建设，为营区系统的高效运作提供保障。

四是保证生态环境良好。营区要创造一种能充分集技术和自然于一体的、情景交融的官兵活动的最优环境，使官兵能尽情享受清洁的空气、充足的阳光，最大限度地满足官兵生理、心理上的健康需要。

五是注重文化氛围的营造。通过创建文明、优美、高品位的景观和人文环境，给官兵以亲近感、归属感和祥和、宁静的环境氛围。在全面提升营区生态环境和生活环境质量的同时，也要体现以人为本的思想，创造轻松、文明、健康的精神环境，丰富官兵的人文知识，增强官兵的环保意识，牢固树立当代军人核心价值观，从社会心理、人文艺术等多方面提升官兵的素质。

二、积极开展营区环境污染治理

尽量减少军事活动对环境的影响与损害，有效治理军事废水、废气、固体废物、噪声、辐射等污染，对维护营区生态系统良性循环、持续发挥营区功能具有重要意义。营区环境污染治理包括环境污染预防、环境损伤修复、污染源治理、污染事故应急 4 个方面的工作，经过多年的努力，已探索了一套行之有效的工作方法。

环境污染预防方面。一是严格执行环境影响评价制度。建设项目的承建单位按照军队环境影响评价条例的要求，在项目立项报批阶段，按照《军队建设项目环境影响评价分类管理目录（试行）》的规定，委托有资质的军队环境影响评价机构，对项目可能产生的环境影响进行评价，编制相应的环境影响评价文件。在营区内实施对环境可能造成影响的战备、训练、物资储运和装备研制、采购、试验、修理、报废等军事活动计划时，计划编制单位必须按照规定，在计划方案报批前组织对计划实施可能产生的环境影响进行评价，并按照《中国人民解放军环境影响评价条例》的要求，编制计划的环境影响评价报告书。二是切实落实各种污染预防措施。规划、计划的组织实施者以及建设项目的设计、建设和施工单位，必须全面落实环境影响评价文件及其审批机关提出的各项污染防治措施和要求；以营区管理单位现有的管理框架为基础，将营区污染防治事务纳入单位的日常管理，明确归口管理部门的职责、权力和资源，明确各类污染防治的责任单位和职责，从组织上保证各项污染防治措施的落实。

环境损伤修复方面。一是加强营区建设过程中的环境损伤修复。对损失的湿地必须开辟新湿地予以补偿；对被破坏的地形地貌须进行回填、加固或绿化；对被污染的土壤进行合理的生态修复；对被破坏和占用的绿化资源进行补植或补偿；对形成的取土场、开挖面和废弃的砂、石、土存放场地的裸露土地进行植树种草，防止水土流失。二是强化营区使用过程中的环境损伤修复。严格执行有关法规和环境影响评价制度的要求，合理安排营区各项活动，切实落实各项预防和保护措施，尽量避免和减少营区产生的各种污染对环境敏感目标、环境脆弱带和珍稀濒危动植物的影响及损害；对水体、土壤、绿化资源、生物多样性等方面产生的影响，采取相应措施，及时进行维护和恢复；对环境要素的影响损害、修复情况及其效果，指定专人按照有关规定和标准进行监测监督，并按规定做好相关记录。三是做好营区退役过程中的环境损伤修复。对于营区在使用过程中所造成的、未得到及时治理的土壤污染、水体污染、植被破坏等，在营区退役时必须采取相应的措施进行修复或治理。

污染源治理方面。一是做好水污染的防治。第一，要采用节水工艺，建立节水营区。设立雨水收集利用系统，积极推广循环用水和重复用水系统，减少水资源的浪费，减少废水的排放。第二，发展污水资源化利用技术，提倡中水回用。确保营区绿化、景观、洗车、道路喷洒、维护公共卫生等尽量使用中水或雨水。第三，因地制宜，选择合理的治理工艺。充分利用自然环境的自净能力，优先选用自然生态处理技术，减少污水处理投资费用和节省能源；没有合适的自然环境条件可以利用时，应尽量采取经济、实用、高效、成熟的污水处理工艺技术进行集中处理。第四，依靠科技进步。开发、应用高效节能的污水处理工艺。第五，强化管理。完善各类污水治理设施管理措施，对各类污水处理站实行专人管理维护，确保正常运行，确保各类污水达标排放。二是做好大气污染的防治。第一，要合理利用环境自净能力与人为措施相结合、分散治理与综合防治相结合、按功能区实行总量控制与浓度控制相结合、技术措施与管理措施相结合等多种手段进行综合防治。第二，全面规划、合理布局。选择有利于污染物扩散的排放方式，充分利用环境自净能力防治大气污染。第三，加强营区周边绿色屏障建设，提高抵御和减少外部大气污染威胁的能力。第四，积极改革能源结构，推广清洁能源的生产和使用，大力提倡对太阳能、地热等清洁能源的利用。三是做好固体废物处理处置。第一，按照“无害化、减量化、资源化”的原则，尽量做到固体废物就地处理，最大限度地变废为宝、循环利用。第二，统筹安排营区生活垃圾收集、运输、处置设施，提高生活垃圾的利用率和无害化处置率。第三，选择符合环境保护要求的方式和设施收集、运输、贮存、利用、处置所产生的固体废物。采取防扬散、防流失、防渗漏和其他防止污染的措施，并加强管理和维护，保证设施正常运行和使用。

污染事故应急方面。一是制定好污染事故应急预案。营区管理单位要委托专业机构，对营区各种潜在污染进行全面分析和评估，据此制定各类污染事故的应急预案。营区管理单位要积极采取措施，适时组织相关演练，确保污染事故发生时，预案规定的各项措施可以得到有效实施。二是做好污染事故应急处理。排污单位发生事故或者其他突发性事件，使排放的污染物超过正常排放量，造成或者可能造成污染事故的，应立即采取应急措施，及时通报可能受到污染危害和损害的单位，并向当地环境保护部门报告；积极配合环境保护和其他相关部门对污染事故的调查处理，认真总结相关经验教训，及时修改完善相关应急方案。

三、不断加强营区的绿化建设

营区绿化建设是国土绿化的重要组成部分，加快营区绿化建设的步伐，对于改善部队驻地的生态小环境，减轻生态大环境压力，建立人与自然和谐发展的关系，增加国家绿色资源，为保护生态安全、建设生态文明创造条件，为部队战备训练、工作学习和日常生活提供良好的生态环境和自然环境，促进军队全面建设有着十分重要的意义。

在提高绿地生态功能上。一是要提高绿地生态稳定性。从营区的军事功能、场地的地形地貌、气候条件等方面综合考虑绿地系统建设的可行性，根据营区的自然条件，通过合理的用地安排、适宜的景观配置、必要的设施配套，为官兵们创造一个和谐的生态环境；充分利用植物之间生态位的互补、互惠、共生原理，通过点、线、面结合的方式组成生态廊道，努力增强整个绿地系统的生态稳定性。二是要提高营区植物物种多样性。保留尽量多的生境，保持自然地形、地貌及原生植被，营造出多样化的生态绿地景观；大力营造营区森林，形成与营区规模和使用功能相适应的营区森林体系；营区森林体系以乔木为主体，以乔、灌、草、藤共生的复层结构为主，使营区绿地建设与营区自然环境、营区水体、营区基础设施建设相互协调，融为一体；注意增加营区植物种类，充分利用植物群落中物种间存在的竞争、相互依存的生态平衡关系，维持和提高营区绿地生态的稳定性。三是要合理选择营区树种。遵照“因地制宜、宜树则树、宜灌则灌、宜草则草”的原则，根据不同绿地功能需要，选择具有不同生态和观赏价值的植物。办公区选择株形较好的观赏植物，防护区选择速生的林木，居住区多种花灌木；合理配置植物群落，使乔、灌、草合理搭配，常绿植物与落叶植物比例适宜，速生植物与慢生植物结合，构成多层次、多季相、多色彩的复合生态群落；提高本地植物数量，选择适合各个地区气候和土壤条件的乡土树种，建设高生物量、高多样性、高生态效应、少管护型的近自然型群落，提高营区绿地系统的稳定性与抗逆性，降低维护与管理费用；改变拔除营区野草、重新栽植外来物种的做法，大力保护野生植物，尽量保护和发展营区野生草坪，适当引入野生植物，让自然回归营区，形成良性循环的生态系统。四是要保护营区生态郁闭区。生态郁闭区是指部队进驻之前，营区范围内保留有自然植被痕迹的区域，如遗留的林地、湿地、草地以及废弃的深坑、水库和人工湿地系统等。营区管理单位根据营区环境现状评价资料，对营区自然形成的生态郁闭区，划定明确的保护范围，设置明显的禁入标志，制定特别的保护措施，落实具体的管理责任制，使其得到有效保护和持续发展。

在增加绿地基本绿量上。一是要提高乔灌木覆盖面积。尽量增加绿地内的林木种植面积，扩大营区绿量和生物量，使营区单位绿地中乔灌木的覆盖面积达到绿地总面积的70%以上；尽量选用叶面积大、叶片宽厚、光合效率高的乔木、灌木植物，提高群落光合作用效率，创造适宜的小气候环境。二是要增加营区绿地面积。从营区土地的适宜性和军事需求上，考虑和规划营区土地资源在利用方式上的合理配置，并从景观环境和生态系统的角度，对土地利用过程中的环境状态和生态过程进行设计，在满足军事功能需要的前提下，留足营区绿化和发展用地，实现营区的军事服务功能、生态环境功能和文化功能相互协调，保证绿地面积达到营区总面积的35%以上；充分利用廊、柱、墙等立面空间，选用藤本植物，进行立体绿化；充分开发建筑物屋顶空间，选用管理粗放、长势较强的植物种类，积极推广形式多样的屋顶绿化。三是要提高营区绿化率。营区宜绿土地必须尽量绿化；营区绿化时要对建设地原有植物合理保护，不可随意砍伐；对营区内自然形成的生态植被，要采取相对严格的封山育林保护措施，尽量减少人工干预；在营区改造中要尽量利用绿地原有植物，对大树尽量就地移植。

在优化营区绿化结构上。一是优化绿地品种结构。选择营区绿化植物时，要根据驻地气候条件和不同植物的生态学特性，充分应用不同植物生态位的互补、互惠、互生原理，科学地进行选择，使整个绿地系统具有较强的生态稳定性。根据绿地不同地段的水分条件特点来选择植物种类，湿地采用湿生植物，沙漠尽量选择沙生植物；不同植物对光照要求不尽相同，可按照绿地的光照差异来选择阴生、阳生和中性植物；根据绿地土壤的酸碱度和肥瘠状况来选择适生的酸碱植物和耐瘠薄植物；污染较重的营区，要根据主要污染因子种类来选择适生的耐污、抗污植物，并组成防护林带；风害较严重的营区绿地要选择适宜的抗风树种，并组成足够宽度的防护林带；根据不同植物在光合作用和气候影响下叶片颜色的变化特点，选择植物群落的上、中、下层植物种类，从而使植物合理搭配，实现绿地彩化与美化，营造出层次丰富、和谐优美的植物色相景观；根据植物的生长快慢选择植物种类，使植物生长速度快慢结合、比例适宜，从而构成随时间而异、季相分明的植物季相景观。应实现落叶植物与常绿植物的合理搭配，通常驻南方营区的常绿植物应占70%～90%，驻北方营区的常绿植物应占 30%～50%；草坪绿地和林下绿地尽量配置管理粗放的本土花灌木和宿根草花，增加营区绿地色彩，美化环境。二是优化绿地形体结构。在营区绿地建设中，要尽量采用复合结构，多层次配置，乔、灌、草、藤结合，高、中、低搭配，疏密有致，高低错落，以形成稳定的植物群落；植物选择要体现地域特点，位于不同气候带的营区要有相对应、有特色的地带性植物景观；整个营区绿化要点、线、面结合，整体呈现系统化特征，要根据不同植物对环境因子的需求合理配置绿地植物群落；通过适当的植物造景，提高美化水平，建立起植物多样、林木为主、林水相依、景观优美的营区绿化体系；除植树种草外，要注意充分发挥营区中的生产用地绿色植被的作用，保留一定的农田、菜地等“湿地”，实现营区绿地系统的多样化。三是营造绿地水体景观。营区内的水体景观建设应因地制宜，布局应科学合理，避免强做硬建，滨江、滨湖营区应做出滨水营区特色，缺水地区不宜大面积做水景。营区水景应当结合实际，适当种植水生植物，水生植物包括挺水植物、浮水植物、沉水植物、湿生植物等，种类选择依地域及水的深度而定；自然条件较好的地区，应养殖一些水生动物，以维持水生系统的稳定；营区内有自然沼泽湿地、海湾湿地的，尽量保护好多样化的生境与生物，营造出优美、丰富的沼泽湿地景观；有条件的单位采用生态恢复技术（包括物理、化学、生物技术）处理营区污水、雨水，营造适宜的人工湿地景观。

在提高绿化效能上。一是提高绿化景观效果。绿地视觉景观优美，植物配置合理，符合美学的基本要求，能较好地体现军队文化特色，满足官兵多方位需求，使营区绿化植物的选择和绿化形式与营区周围景观协调、融为一体。二是发挥绿化军事功能。营区绿化建设，要根据营区分区管理和使用功能要求，进行科学设计和统筹建设，以有效隐蔽伪装相应军事目标。例如，训练场区绿地设计与建设，要以掩护和防护为主要目的，因地制宜地设置绿地，场区周围要设置防护林带；仓库库区绿地的设计与建设，以植被伪装为主要形式，与周围环境协调一致；机场绿地的设计与建设，以植物为绿地主要元素，绿地除防护林外不宜采用高杆植物，以播种草坪和原生地被为主要绿化形式。

四、注重营区资源能源的合理利用

营区资源能源的合理利用，就是要运用先进的生态理念和技术，尽量减少不可再生能源资源的消耗，节约利用可再生的资源，积极开发太阳能、风能和地热能等绿色能源，提高资源能源转化效率，确保维持营区运转的资源能源不间断，满足紧急情况下战斗力保持的需要。

在水资源节约方面。一是做好水资源利用规划。改变传统的线性水资源供给和消耗模式，以实现水质安全、景观水体保护和节水为目标，将水系统由原来线性的“供给—排放”模式改进成“供给—排放—储存—处理—回用”的循环利用模式；结合城市总体水资源和水环境规划，合理规划营区景观用水，有效利用水资源，改善营区水环境和生态环境；对营区用水水量和水质进行估算与评价，提出合理用水分配计划；采用分户计量等管理措施，通过量化与管理措施激励官兵节水。二是做好水资源利用设计。根据当地的水资源状况，因地制宜地制定节水设计方案，如中水、雨水回用等，保证方案的经济性和可行性；采用节水的景观和绿化浇灌设计，充分利用河湖水、收集的雨水或再生水；按高质高用、低质低用的原则，使生活用水、景观用水和绿化用水等按用水水质要求分别提供，并按梯级处理的要求回用；空调冷却水和游泳池用水采用循环水处理系统，卫生间采用低水量冲洗便器、感应出水龙头或缓闭冲洗阀等。三是做好水资源利用管理。水的管理应体现节水、循环利用理念。依托水系统机电设备控制中心，实现对营区给排水系统设备的智能化控制，如采取措施对水池过滤、杀菌设备和废水回收利用设备的运行状态进行实时监测，对绿化浇灌设备进行定时与实时控制；实行水系统设施设备定期检测、监测和维护保养等制度。

在土地资源合理使用方面。一是做好土地资源使用规划。土地资源的使用规划是营区规划的重点，要严格执行营区规划的相关要求，在整体上体现保持空间最大化，改变现有营区规划中“有多少地占多少地”的陋习；以最大化空间、保护和恢复栖息地为目标，优先考虑营房部署基地化的可能性，对区域范围内的土地资源进行统筹利用，部队部署应尽可能集中；在做营区规划时，不铺大摊子，尽量建设大体量营房，官兵居住区要尽量集中；通过划区保证训练区、生活区、办公区、公寓区、售房区的相对独立与有效连接，保证营区整体空间的最大化。二是做好土地资源使用设计。集约利用，提高效率，合理设计各类用房、道路、绿地等项目的用地，以提高土地使用效率，采用先进的建筑体系以提高营房的有效使用面积和耐久年限；强调土地的集约化利用，充分利用周边的配套市政设施，合理规划用地；高效利用营区土地，如开发利用地下空间，采用新型结构体系与高强轻质结构材料，提高营房空间的使用率；合理组织交通，提高交通效率，营区道路与公交系统进行有效连接，增加使用公共交通的可能；对营区配套设施进行优化完善，尽可能减少营区内部道路的占地面积；节约用地，保护生态，营区土地的使用应在满足营区各项功能需要的前提下，尽量减少设施的土地占用量，避免对土地生态功能造成破坏；避免因雨水对土地的冲刷而带来水土流失问题；减少土地硬化带来的环境破坏；营区土地的使用应尽量顺应自然的地形地貌，避免对自然生态造成破坏，减少设施的建造、维修成本和设施退役后的土地修复成本。三是做好土地资源使用管理。土地系统管理要以土地保护、绿色交通、环保、生物多样性等理念为目标，依托营区监控手段，实现营区土地系统的智能化管理；贯彻落实国家和军队的有关土地政策和法规，采取有效措施防止土壤被侵蚀，保护动植物栖息地；减少各种化肥、农药等化学品的使用，保护营区土壤质量。

在能源的开发利用方面。一是做好能源的开发利用规划。能源系统是营区可持续发展的一个重要方面，在营区的规划设计中，要加大再生能源的使用率并对能源系统进行分析，因地制宜、合理地选择能源结构的组合；营区使用常规能源时，应尽可能使用清洁能源；能源系统优化时，避免同时使用多种能源结构而造成资源的浪费，应建立智能化的监控系统以保证能源系统的长期有效性。二是做好能源的开发利用设计。积极采取有效措施，降低能耗，利用场地的自然条件，合理考虑营房朝向和楼距，充分利用自然通风和天然采光，减少使用空调和人工照明；提高建筑围护结构的保温隔热性能，采用由高效保温材料制成的复合墙体和屋面、密封保温隔热性能好的门窗，采用有效的遮阳措施；优化能源供应系统，提高能源使用效率，保障能源可靠性，合理选择用能设备，让设备在高效区工作，根据营区营房用能负荷动态变化，采用合理的调控措施，考虑部分空间、部分负荷下运营时的节能措施；有条件的营区采用热、电、冷联供形式，提高能源利用效率，采用能量回收系统（如热回收技术），根据实际情况和需求，灵活采用集约式或分布式供应分配系统，提高效能，保证系统的灵活性、可靠性；加大可再生和清洁能源的使用率，科学组合，避免浪费；根据当地气候，充分利用场地的自然资源条件，开发利用可再生能源，如太阳能、水能、风能、地热能、海洋能、生物质能、潮汐能以及通过热泵等先进技术取自自然环境（如大气、地表水、污水、浅层地下水、土壤等）的能量。三是做好能源的开发利用管理。能源系统管理要以节能、再生能源利用为目标，依托能源系统设备控制中心，实现对营区能源设备的智能化管理；结合住用单位实际情况，制定相应的能源使用定额，并设置计量装置，严格执行定额管理；建立并执行严格的管理制度，例如变配电所的管理、照明设备管理、采暖设备管理、制冷设备管理、用气设备管理、用电供应与计量管理、供暖与计量管理、供气与计量管理、能源系统设施设备的维修与保养、再生能源管理、绿色照明管理等。

在材料的节约使用方面。一是做好材料节约使用的规划。材料使用应当尽量满足“减量、可利用、可循环、再生、本地化”的要求；营区建设应使用可重复利用材料、可循环利用材料、再生材料和认证的绿色环保材料；合理使用建设用地范围内现有的永久性建筑，对拆除的建筑材料进行再利用；充分节约各种不可再生资源和国家短缺资源。二是做好材料节约使用的设计。牢固树立“再生材利用、循环材利用、本地材利用”的理念，采用工业化生产的成品，减少现场作业，减少施工废料，减少不可再生资源的使用；选用蕴能低、性能高、耐久性高的本地建材；减少建材在全寿命周期中的能源消耗，选用可降解、对环境污染少的建材。三是做好材料节约使用的管理。尽量采用工业废料（如粉煤灰、旧混凝土、旧砖等）以减少污染；最大限度地发挥高性能混凝土的优势，减少构筑物的水泥与混凝土用量，以减少结构尺寸，减轻自重，提高耐久性，保证或延长建筑物的安全使用期，使材料和工程充分发挥其功能；材料系统管理要以环保、节材、减少排放为目标，依托国家环保建材标准，实现材料的环保使用和无害化处置。

五、高度重视营区生态文化建设

文化营造是营区生态环境建设的重要功能，文化个性和文化魅力是营区生态文明的灵魂。只有意境俱佳且完美结合，才能实现营区功能的最优化。具有文化特色的营区，不但可以保持营区部队的历史延续性，还可以创造出丰富的地域文化特色。将立志育人的学习文化、强身健体的运动文化、多姿多彩的地域文化和薪火相传的军事传统文化融入生态营区的建设中，形成军队特色鲜明的营区生态文化。

一是注重提高生态文化格调。在营区空间的布局规划方面，注重点、线、面、体的相互协调，避免单一的直线设计和过多使用方块式造型；在营区休闲区的设计上，尽量采用和设置一些不拘一格的林间小径、颇具情调的环形走廊、别开生面的碧池绿水等，最大限度地舒缓官兵的紧张情绪；营区各类建（构）筑物，要讲究建筑艺术，其造型和装饰等应与驻地自然环境协调，有利诠释、展示和强化军营文化特色。在营区绿化处置方面，在绿化植物的选择和搭配上，要结合营区自身的地域特征，充分尊重原有植被，科学引进外来植被，积极拓展营区的植物种群多样性，尽量丰富营区生态功能；在进行乔木和灌木的搭配时，要讲究错落有致，避免各植物种群的边缘出现生硬的过渡，尽量增强回归自然的感觉；充分利用绿色植物良好的条块分割作用，设置高低不一的绿色屏障，为官兵们的交往和交流创造轻松自在的环境；在景观的穿插衬映上，可以结合营区的生态文化主题，适当设置一些能够凝聚和展现营区生态文化主题、诠释驻用单位使命职责、提高营区文化内涵、激发官兵自豪感和荣誉感的人文景观，使自然景观与人文景观有机融合。

二是注重生态文化设施建设。充分依托生态营区优良的生态环境，拓展蕴含其中的各项文化功能，增强营区环境的文化内涵和文明灵性，使其在人性化方面不断完善；营区文化设施应满足官兵平时学习、娱乐、健身、休憩等需要，体现以人为本的理念，展现军营特色，使军营具有鲜明的教育作用和警示作用，彰显环境保护及人与自然和谐相处的主题。

三是重视营区文化资源保护。采取有效措施，保护营区现有的文物古迹、古树名木、自然遗迹等；对具有一定历史价值的不同时期建（构）筑物进行必要的修缮和保护，使其成为历史文化传承的见证和载体；建立健全生态资源管护机构，对营区资源、建成设施等建档登记，落实管护责任。

四是积极营造生态文化氛围。坚持以人为本，创设良好的人文环境，充分体现人文关怀，竭力满足官兵工作、训练、学习、生活的需求，不断提高官兵的生活质量，大力营造良好的生态环境，切实创造拴心留人的氛围。努力提高官兵对生态营区的满意度；把广大官兵的思想认识统一到党中央创建生态文明和军委创建生态营区的统一部署上来，把生态环保的理念列入经常性思想政治教育工作，努力提高官兵对生态营区的关注度；用各种生动活泼的形式，定期和不定期地组织官兵学习国家及军队相关的环保法规条例，普及各类生态环保知识，通过开展知识竞赛、常识测验等多种活动，持续激发官兵的学习积极性，为环保实践打下良好的理论基础，努力提高官兵对生态营区的熟悉度；建立生态教育培训制度，大力开展生态教育，宣传和倡导生态文明，树立生态环境意识，倡导健康的生活方式；实行区域环境负责制，把区域生态环境优劣纳入各单位的年度工作考评，作为衡量单位年度建设的重要指标，用制度规范官兵的行为，努力提高官兵建设生态营区的参与度。

第三节　建设实例

一、某工程基地生态营区建设

该营区位于中原某古城，始建于 20 世纪三四十年代，占地面积约 300 亩。通过历届官兵的不懈努力，目前该营区有各类乔、灌、藤、花木共 100 多个品种、30 多万棵（株），种植草坪 80 多亩，绿地率为 46%，绿化率为 100%，基本实现了“空地植被化、四旁林荫化、单元常青化、重要设施隐蔽化”的目标，2001 年，被评为全军首批“绿色营区”。随着生态营区建设的深入，营区污水和锅炉气体排放也得到彻底治理，太阳能等再生资源得到充分利用，生态文化氛围日益浓厚，2011 年，该营区被评为全军“生态营区”。其主要做法如下。

（一）坚持高起点规划

该营区的生态环境建设坚持规划先行，秉承“生态、节能、环保、文化”的理念，注重突出部队特色，务实创新，追求为战斗力服务。一是注重整体层次性。根据功能区特点，办公区平面绿化与垂直绿化相结合，点、线、面与高、中、低搭配，左右对称、上下协调，突出明快清爽、庄严肃穆的特点；生活区适量种植观赏性花草树木，实现整体绿化与园林小品、绿化美化与建筑布局、自然景观与人文景观的有机结合。二是注重资源共享。从环境对官兵的适宜性出发，做到营建与环保相适应、改造与新建相结合，进行合理规划和布局，做到既有利于营区功能的发挥，又与生态环保要求一致。三是注重节能减排。建成污水处理站，并将中水用于营区绿化中，将燃煤取暖锅炉更换成燃气锅炉，为各伙食单位配置燃气灶，基本实现营区“无烟化”；营区建设中积极采用环保材料，做到低排放、无污染；灌溉设施一律改成滴灌装置；安装太阳能照明装置；加大汽车尾气排放监测，在营区各主干道设置禁停、禁鸣标识，基本杜绝乱鸣、乱停、乱放和噪声扰人现象。经过高标准治理，营区空气清新，环境质量显著提高。四是注重军营生态文化品位。在营区绿化美化过程中，坚持把环境育人作为创建生态营区的根本目的，坚持把弘扬爱国精神、革命英雄主义精神、尚武精神和当代革命军人核心价值观作为军营环境的主题，使基础设施建设与人文环境建设同步发展，使营区的一草一木、一景一物都蕴含教化的功能和文化的气息，使官兵在此受到潜移默化的教育和熏陶。

（二）坚持高标准建设

一是严格落实规划，用法规制度规范建设程序。坚持一张蓝图绘到底，一任班子接着一任班子干，较好地保证了营区建设的持续发展。二是依靠科技提升建设质量。在抓营区环境建设中，既注重现实需要，又考虑未来发展，把质量标准定位在出精品、管长远、高品位上。在营区绿化美化上，注重植被的生态功能提升，选择既能净化空气，又节约水资源的无污染、低维护的本地树木和花草。在营房建设中广泛采用新工艺、新技术、新材料，尽量采用无污染、无放射性、无噪声的环保材料和设备，绿色建筑技术成果的推广应用极大地提高了该营区建设的质量和品位。三是坚持全员参与军工自建。充分利用自身的人才、技术优势，广泛动员全体官兵参加营区生态环境建设活动，既大大节约了建设经费，又进一步增强了官兵的生态意识。

（三）坚持精细化管理

该营区以建立健全科学高效的管理机制为重点，推行精细化管理理念，完善法规制度，强化管理手段，促进管理水平大幅提升。一是强化教育培训，打牢环保绿化管理根基。该营区把环保教育作为部队经常性教育的一项重要内容，纳入年度教育计划，通过广播、板报、局域网等多种形式，宣传环保绿化的方针政策及相关知识，培养、提高官兵的环保意识和能力。二是细化标准制度，严格落实责任管理。该营区制定完善了 14 项营区环保绿化管理制度，做到定性的定量化，模糊的明确化，原则的具体化，使部队营区管理的方方面面都有章可循、有法可依，严格落实“四定、三包、一奖惩”，即定地点、定数量、定质量、定人员，包栽、包活、包管理，同时把营区的环保绿化管理纳入部队“双争”活动统一考评，坚持每半年检查评比 1 次，有效调动了官兵参与营区环保绿化管理的积极性和主动性。三是创新管理手段，丰富科学管理内涵。该营区先后开发了信息完备、图文并茂、快捷高效的营房综合数据网、营区虚拟仿真系统、营房档案数据库，将部队各类营房、道路水域、花草树木、水、电、暖、通信、消防及营区景观等信息输入其中，通过网页和仿真模拟等形式进行动态展示，实现了营区可视化、直观化、智能化管理。设置绿化资源知识标识和生态环境人性化保护标志等，实现了科学管理和环境育人的良性互动。

二、某武器仓库绿色营区建设

该仓库位于西南丘陵地区，占地面积 2 300 余亩。几十年来，仓库官兵从仓库实际情况出发，自力更生、艰苦创业、因地制宜、合理规划，使该营区走出了一条集绿化、种植、养殖于一体的生态循环发展之路，并产生了良好的生态效益、经济效益和社会效益。如今，营区绿化覆盖率达到了 98%，成为一座真正的“绿色生态仓库”。1982 年该仓库被评为“全军绿化先进单位”，1993 年被评为“全国部门造林绿化 300 佳单位”，1996 年被评为“全军首座生态仓库”，2001 年被评为“绿色营区”。《人民日报》《解放军报》《中国林业报》等多家媒体先后对仓库的绿化和农副业生产情况进行了相关的宣传报道。徐向前元帅、洪学智上将等各级领导，都曾对仓库的绿化、农副业生产所取得的成绩给予充分的肯定。

（一）自己动手解决军事区伪装绿化

仓库建成投入使用初期，由于各种客观条件所限，库区内植被稀少，裸露荒山坡地占库区总面积的52%。军事禁区缺少绿化伪装，严重威胁军事设施安全。面对缺少经费、缺少经验和需要整治的荒山面积大等实际困难，该仓库党委决定先从自力更生办苗圃开始，发动全库官兵自己动手，绿化荒山。经过全库官兵5年多的艰苦努力，先后培育、生产了适应性强、成活率高的各类苗木近百万株，累计植树39万多株，成片造林950多亩，基本实现了军事禁区伪装绿化全覆盖。

（二）再接再厉优化绿化生态环境结构

库区绿化实现了第一期目标后，仓库组织力量对没有开发的荒山坡地进行了全方位考察，根据水源、土质、气候等特征，编制了荒山荒坡造林规划。采取常绿树与落叶树、用材林与果木经济林、竹林与花草相结合等多种栽种方式，在营区地界红线3 m以内种植刺槐，在山顶坡地种植速生用材林，在山脚平地种植果木经济林，在库区公路两旁及库区周围种植香樟、水杉、泡桐、杜仲、香椿等树木。荒山造林1 200余亩，其中，栽种广柑、枇杷等果树300余亩，年产果品达50余万斤。为了提高土地利用率，仓库根据农作物的时令特点，利用果树与农作物生长的时间差，在果树间套种红薯、冬瓜、南瓜等蔬菜，年产量在10万斤以上，基本满足了生活用菜。自建了1个养鸡场、2个养猪场、10个鱼塘，共占地60亩，每年养猪出栏100余头，兔子500余只，鸡、鸭共1万多只，鱼4万余尾。由于地理环境优越，生态环境无污染，农畜成为真正的绿色食品，加之库区气候很适宜野生动物生存，蛇类、狐狸、白鹤、鹭鸶等10余种野生动物都在营区栖息。经专业机构监测评价认为，该仓库目前已形成了具有自我完善能力的生态系统，在大面积森林的调节下，大气质量达到了国家大气环境质量二级标准，地面水质量达到了《地表水环境质量标准》（GB 3838—2002）中的Ⅱ类标准，地下水质量达到了《生活饮用水卫生标准》（GB 5749—2006）的规定，库区土壤未受砷、汞、铅、镉等有毒物质的污染，未检测出各种有毒化学成分，生态环境达到良好以上等级。

（三）强化管理巩固生态环境建设成果

仓库地处浅山丘陵地区，土壤保水性差，春旱时间长。为了加强管理，仓库把栽、管统一起来，认真推行了定单位、定地段、定任务和包栽、包活、包管、包成林的“三定四包”责任制，逐步完善防火、防虫、防盗措施，强化警戒巡查和检查评比奖惩制度，充分调动广大官兵爱林、管林、护林的积极性和责任心，使绿化资源得到了很好的保护。目前，该库区生产出来的果品、蔬菜、禽蛋、鱼肉安全可靠，对改善仓库驻地生态平衡起到了积极作用，在经济、生态、军事、社会等各方面都取得了很好的效益。

三、某学院新校区生态建设

某学院创建于 1961 年，2009 年该院整体搬迁至新校区，占地面积 3 000 亩。完成整体搬迁后，新校区绿化建设贯彻“以人为本、科学规划，因地制宜、绿美结合，注重环保、创新发展”的方针，打造了一个结构合理、功能高效、景观和生态并重的绿色校园。目前，新校区栽植的植物品种多达 170 余种，其中，大乔木 18 种、4.9 万株，小乔木 44 种、15.4 万株，花灌木 26 种、150 万株，地被植物 28 种、覆盖面积 63.8 万 m^2，水生植物 56 种、覆盖面积 2.45 万 m^2，草坪 22 万 m^2，绿化面积 130 万 m^2，校区绿地覆盖率达到 65%。2011 年该学院被全军环保绿化委员会评为“绿色营区”。

（一）以兵为主科学规划

该学院在新校区建设规划时，即将“人与自然和谐共生”作为贯穿整个建设的指导思想，坚持以人为本，充分考虑了学员德、智、军、体、心的全面发展需求；坚持军队特色，以促进军事发展为目的，努力为学员创造一个优美、舒适、健康、方便的学习、生活环境。在具体实施过程中，该学院按照不同的区域进行不同的规划设计：行政办公区绿化建设突出庄严大气，教学区绿化建设彰显知性，学员生活区绿化建设强调休闲舒适，山水地形绿化建设注重园林生态，用鲜明的层次感诠释当代军校的丰富生活。在绿化建设过程中，严格按照规划设计，分步建设，将各项指标纳入部队总体建设发展规划，逐项建设，逐条达标。同时，立足于广大官兵的实际需求，突出重点，明确责任，循序建设，做到“建设一片成一片”。同时大力运用新技术、新材料、新设备，坚持整体筹建与环境相宜，使营区建设逐步与周边自然风光融为一体，真正做到“营在绿中、房在林中、人在园中”。

（二）以绿求美提高品质

该学院为突出高校、军营、地域三种文化的有机结合，体现与山水城市相融的理念，根据区域差异，选择不同档次的乔灌木进行栽种，色块植物、香味植物、瓜果植物相结合，高大乔木与小型乔木相结合，阔叶植物与细叶植物相结合，落叶植物与常绿植物相结合，使绿化景观季相分明、色相丰富。坚持本土与外来树种相结合，确保营区绿化建设的多样性。结合亚热带湿润性季风气候的特点，科学选种驻地适宜的树、草、花，如黄桷树、小叶榕、桂花、本地香樟、重阳木、栾树等，本地植物指数大于 0.6，零星点缀种植落叶植物，并配有季节性变色植物，如银杏树、楠木、红継木、金叶女贞、黄金叶、花叶良姜等。在小乔木和灌木的搭配上，充分考虑产生负氧离子多的树种，如黄花槐、三角梅等当地易生植物搭配红叶李、红枫、樱花等外来观赏植物，既美化了环境，又营造出了优美氛围。充分利用地形植被原貌形态，保护珍贵稀缺的林地，开发依山傍水的坡地，将“山、水、树、石”融为一体，相互之间此起彼伏、纵横交错。例如，行政楼北面的山和湖，充分利用原有地貌设计了原生态的环湖园路和登山步道，在山体的绿化搭配上，注重体现物种的多样性和互补性，采用 94 种植物实现了“春有绿、夏有花、秋有果、冬有青”，应用生态工程手法加大水生植物的种植，在水底种植沉水植物，水面种植浮水植物和水生花卉，岸边种植挺水植物，采用 56 种水生植物搭配，营造出了别具一格的水体生态景观。

（三）以创新促发展提升水平

该学院采取以圃代园的方式，提高预留发展用地的土地使用效率。每年结合“3·12”植树节，组织全院教职员工利用营区空地大量种植优质乔木，建立起以香樟、银杏、重阳木、桂花、黄桷树、小叶榕等本地易生树木为骨干树种，樱花、紫叶李、红枫、蔷薇、石兰、杜鹃等花灌木为地被的植物群落。通过连续几年的努力，已栽种苗木 15 万棵、16 万 m^2，有效提高了营区的绿化效益和经济效益。通过雨污分流和中水回用的方式，提升再生资源的使用效率。采用透水砖、透水混凝土等绿色建筑材料有效收集雨水。通过绿色示范建设，大力推广绿色环保技术应用。该学院迎宾楼的设计和施工全面推行绿色建筑的理念和技术，从环境生态化补偿、建筑结构体系优化、室内环境控制、能源系统平衡、水资源循环利用及智能化监控 6 个方面对建筑的环保和生态进行规范：通过对植被土壤的生态保护、设置景观水池、建立室外立体绿化系统来实现环境生态化补偿；采用控制窗墙比、设立遮阳系统等措施实现结构体系优化；通过建筑平面和空间的布局，利用风压通风、热压通风保持室内自然通风，并实现室内的自然采光；部分房间安装 CO_2 监控、光感照明、声控照明等装置，并与大楼的中央智能系统相连，满足室内环境的智能化控制要求；采用地源热泵空调系统和热水系统、太阳能光伏发电和照明，充分利用地能和太阳能；设置雨水回收利用系统和中水处理系统，采用节水器材和基地保水措施实现水资源循环利用。该项目已通过美国绿色建筑评估体系认证和国家绿色建筑“三星标识”认证，并申报美国绿色建筑“LEED”金奖，成为全军首栋“绿色建筑示范楼”，2013 年荣获“军队第十五次优秀工程设计奖”一等奖。

第三章　军事设施生态环境保护

军事设施在建设、使用和退役过程中均会对环境产生不同程度的影响，加强军事设施生态环境保护是军事生态环境保护的重要内容。通过科学评价军事设施建设、使用和退役过程中的环境影响，并将生态环境保护纳入军事设施建设工程规划设计，积极推行绿色施工方法和加强监督管理等，可有效地促进军事设施建设、使用等与区域生态环境保护的协调发展。

第一节　概述

军事设施是指国家直接用于军事目的的建筑、场地和设备，包括指挥机关、地面和地下的指挥工程、作战工程；军用机场、港口、码头；营区、训练场、试验场；军用洞库、仓库；军用通信、侦察、导航、观测台站和测量、导航、助航标志；军用公路、铁路专用线，军用通信、输电线路，军用输油、输水管道；国务院和中央军事委员会规定的其他军事设施。军事设施特别是军用机场、军用港口、码头、军事训练场、油库等在建设、使用和退役过程中都会对生态环境造成影响。

军事设施在建设过程中对生态环境的影响主要表现在以下几个方面：一是改变地形地貌。军事设施在建设过程中会占用大量土地，在场地平整阶段存在挖方和填方工程，这些工程会不可避免地改变既有地形、地貌，特别是军用港口建设的填海（或湖、河等）工程将会改变原有的海（或湖、河）岸线，对海（或湖、河）区水动力环境、海洋（或湖泊、河流）地形地貌与冲淤环境、海洋（或湖泊、河流）生态环境均会产生一定的影响。二是毁坏植被。军事设施建设对土石方的开挖及弃土堆积，势必会砍伐林木、占用耕地和荒草地，使建设区的植被覆盖率降低，生态环境质量下降。三是加剧水土流失。军事设施建设会造成土壤结构和植被的破坏，改变土地利用格局等，打破地表原有的平衡状态，特别是施工过程中改变了原来地面的坡度，破坏了地表植被，使土层松动、土壤抗侵蚀能力减弱，经降雨特别是暴雨的冲刷，土壤侵蚀强度加大，易造成塌方、滑坡，加剧水土流失。四是造成环境污染。军事设施在建设中会产生一定的污染物，这些污染物若处置不当就会带来环境污染，损害区域的生态环境。例如，港口在进行基槽、港池、调头地开挖，航道疏浚以及陆域回填时，会使附近水体的悬浮物增加，产生的悬浮物会引起工程区附近区域局部水体浑浊；施工人员产生的生活污水，施工船舶冲洗、维修时产生的含油废水，船舶溢油污染事故以及生活垃圾等对工程区附近区域的水质会产生一定影响。水质下降使水体透射率下降，从而使区内的游泳生物迁移，浮游生物也会受到一定的影响；此外，水体浑浊、水质下降也会对鱼类造成一定影响，使施工区域底栖生物生存环境遭到破坏。

军事设施在使用过程中都会对生态环境产生一定的影响。如军用机场在使用中会产生废水、废气、垃圾等，各类导航、通信设施会产生电磁辐射，各类防空装备会产生有毒有害物质等。飞机起飞着陆过程中发出的噪声对机场工作人员、周围居民和生物都会产生很大的影响。军用港口的使用会产生舰艇油污水和生活垃圾，港内装备修理会产生废水、废气及各种垃圾等，这些污染物的排放会对港口水生生态环境产生一定影响。此外，军事设施，特别是储存有大量危险品的军事设施，在发生重大环境风险事故时，大量的危险物质泄漏到环境中，会在较长时期内对生态环境造成重大影响。

军事设施在退役过程中对生态环境的影响主要表现为遗留的武器弹药和装备等对生态环境造成的污染。例如，1992 年苏联部队从德国撤出时，约 150 万 t 弹药需销毁，由于处置方法不当，致使大量的氮氧化物及重金属等污染物外泄，对该地区的环境造成了严重污染。据估计，苏联在德国的军事基地有 4%被严重污染。

依据《中国人民解放军环境保护条例》和原总部机关有关指示要求，军队应大力加强军事设施建设、使用和退役中的生态环境保护工作，采取各种措施办法减少军事设施污染物的产生，严格控制污染物的排放；

通过绿化、造林等措施恢复受损的生态环境，更好地保护活动区域的生态环境。

第二节　主要做法

一、纳入工程建设规划设计

生态环境保护规划纳入军事设施建设规划的内容主要包括指标纳入、政策纳入和经费纳入三个方面。指标纳入要尽可能具体、可操作，要有针对性，突出重点，充分体现规划时段需要解决的重点问题。政策纳入主要是军事设施总体建设规划要充分体现国家、军队有关环境保护的方针政策，把环境作为重要的内容予以考虑，重视提高资源、能源的利用率和废物的减量化，将军事需要与环境保护进行通盘统筹考虑。经费纳入主要是指在军队财政总投资计划中，应包括环境保护的投资计划，在军费预算中应分配给环境保护一定比例的经费，把军队环保项目纳入军事设施建设发展的相应项目计划中，在军队相关的经费标准中设置环保部分和科目等，以此保证环境保护有稳定的资金来源。

二、科学评价生态环境影响

军事设施的生态环境影响评价主要是指军事设施建设项目在建设前，按照国家、军队有关规定，对军事设施建设、使用和退役过程中可能造成的对生态系统的不利影响进行评价，进而提出减轻和防止不利影响的对策措施。按照《中国人民解放军环境影响评价条例》的规定，军事设施建设项目在建设前，都要通过生态环境影响评价，以科学认识项目所在区域的生态环境特点与功能，明确项目对生态环境影响的性质和程度，确定应采取的相应措施，以维持区域生态环境功能和自然资源的可持续利用性，并明确建设者、实施者的环境责任，为军事区域生态环境管理提供科学依据，为改善军事区域生态环境质量提供建设性意见。

三、制定生态环境保护措施

生态环境保护措施包括防止生态环境破坏措施和防治污染措施两

个方面。军事设施在其设计期、施工期、使用期和退役期等不同阶段，都要按照环评文件的要求，制定并落实各种生态环境保护的工艺技术措施、工程治理措施或生态恢复措施，以保障军事设施的安全有效使用，保证生态环境的安全。

四、推行绿色施工方法技术

绿色施工是指在工程建设中，在确保质量、安全等基本要求的前提下，通过科学管理和技术进步，最大限度地节约资源与减少对环境有负面影响的施工活动，实现“四节一环保”（节能、节地、节水、节材和环境保护）。现阶段军事工程建设的绿色施工，一是建立绿色施工管理体系，并制定相应的管理制度与目标。二是编制绿色施工方案，方案内容包括环境保护措施、节材措施、节水措施、节能措施、节地与施工用地保护措施。方案应在施工组织设计中独立成章，并按有关规定进行审批。三是对整个施工过程实施动态管理，有针对性地加大对绿色施工组织宣传和知识培训的力度，不断增强官兵绿色施工意识。四是结合工程特点，对绿色施工的效果及采用的新技术、新设备、新材料和新工艺进行自我评估；同时成立专家评估小组，对绿色施工方案、实施过程和项目竣工进行综合评估。

五、落实跟踪评价验收制度

军事设施在建设过程中除具有常规的对水、气、声、土壤等环境质量的影响外，对生态环境也有影响，其影响有时会涉及对自然保护区、生态功能保护区、湿地、珍稀动植物及其生境的破坏，具有影响范围广、时间长、不可逆等特征。而这些特征往往因军事设施所在地理位置的不同而存在很大差异，无法用统一的定量指标（如排放标准限值）来评价。目前，对军事设施建设项目的环境保护验收，主要依据批准的项目生态环境影响评价文件要求，采取生态调查为主、污染源与环境监测为辅的方式，在现场勘察、现状监测和文件资料核实等具体工作的基础上，通过对调查与监测结果的分析，对建设项目产生的实际环境影响、有关环境保护措施（设施）落实情况进行核实，对其效果进行评估。

第三节 建设实例

一、某军港建设与生态环境保护

（一）基本情况

某军港建设工程的建设项目包括防波堤工程、码头工程、公共生活保障区工程、训练生活区工程等。工程所在地三面被山地环绕，植被良好，工程区域附近珊瑚种类繁多，有国家级自然保护区和省级风景名胜区各一处。

（二）主要做法

一是在军港建设工程规划中充分考虑当地自然环境和社会环境发展要求，在满足军事需求的基础上，科学规划防波堤、码头、公共生活保障区、训练生活区等工程项目的土地利用并合理布局。

二是在工程建设前委托具有资质的单位深入开展环境调查和环境影响评价工作。环评深入分析评价了工程建设对海洋生态环境特别是珊瑚礁生态系统、地形地貌及冲淤环境、海洋水文动力环境、海洋水质及景观环境等的影响，提出了相应的污染防治和生态保护对策。

三是工程建设前对工程区域内的珊瑚礁进行移植保护。根据环评现状调查和影响预测结果，结合珊瑚自然生长条件、移入地水文动力、地质等，进一步明确珊瑚移植区域、面积和移入地，编制移植方案。参照国际上先进、经济的方法，并结合国家有关科研单位的经验，委托有资质的人员潜水开展珊瑚移植。移植完成后分别在移植后 2 个月、6 个月、12 个月各进行了一次监测，移植效果比较理想。

四是特别注重施工中的生态环境保护。在疏浚作业时，第一，修建围堰，疏浚来的泥沙要在远离溢流口的位置进入围堰，使含泥沙水有充足的沉淀时间；第二，使用先进的绞吸式挖泥船，对运泥船船舱投加絮凝剂，最大限度地减少船舱溢流产生的悬浮物对海水的污染；第三，准确确定需开挖港区的位置，从而减少疏浚作业中不必要的超深、超宽的疏浚土方量，从根本上减少对环境产生影响的悬浮物的数量；第四，采取严防外溢并禁止在恶劣气象条件下作业等措施；第五，在码头和防波堤以及岸线形成达到挡水条件后，再进行回填，避免泥沙返回海中。施工过程中产生的废水、废油等的处理问题，要做到：在施工基地和混凝土预制场安置时就布置及建设好排水管渠和废水储存池，汇集储存施工产生的废水，并集中处理；施工过程中，在海上采用指定的废油回收船，陆上采用废油回收罐，随时对施工船机设备产生的废油进行回收。陆上和海上收集的油污水送到相应军港油污水站统一处理。施工中的生活污水由购置的小型污水处理装置处理达标后排放。对于施工空气污染控制问题，首先，定期清扫施工场地的洒落物，并辅以必要的洒水抑尘等措施，以保证场地不起尘；对主要运输便道上的路基进行夯实硬化处理，减轻施工场地及道路的扬尘；车运输土方、砂石料、水泥建材料进场时，加盖篷布，严格控制进场车速，减少装卸撒落。其次，严禁在施工现场排放有毒烟尘和气体，不得在施工现场洗石灰、熔融沥青等。对于施工噪声控制，尽量选用低噪声设备，在主要噪声源附近设置临时的吸声、隔声屏障或围护结构；爆破作业避开鸟类产卵、孵化期，并在白天进行。对于施工产生的固体废物，船上的固体废物由海上垃圾收集船每天收集送至陆上统一处理；生活垃圾实行袋装化收集，交由地方环卫部门统一处理。

五是加强使用期污染治理和生态恢复。第一，港区统一建设了含油污水集中处理设施，在码头设含油污水接收系统，负责整个港区产生的全部含油污水处理；各个车间建设含油污水收集池，将产生的各类含油污水集中到收集池中，然后泵入港区含油污水处理站处理。产生量非常小的污水，则用容器收集后运至处理站。第二，建设了港区生活污水处理站，单独设置医疗废水处理装置，这些废水经灭菌消毒处理后排至生活污水处理站统一处理。第三，在坞修时，喷砂作业采用硬度较大的铜矿砂并设置临时大棚以减少扬尘的外逸量；采用先进的焊接工艺以减少烟尘的排放并要求进行强制通风；采用低毒、无毒油漆，使用先进的环保喷涂设施——无气喷涂机，以减少漆雾的飞散，提高油漆利用率，从而从源头减少污染物的排放。第四，在军港各区域设置必要的垃圾接收装置，港区产生的垃圾经分类后送地方环卫部门处理。第五，按照生态型营区建设标准，强化营区绿化和生态保护，在港区范围内配置不同的植物，充分发挥生态功能的作用，做到在绿化的基础上突出整洁的效果，维修车间等周围种植树木以减少废气、噪声的影响；尽量减少官兵生活、军事训练等对水生动植物的干扰，严格执行污染物达标排放，为水生动植物创造比较适宜的生境；严禁采摘珊瑚和捕杀野生动物，如鸟类、爬行动物等。

（三）主要成效

一是通过珊瑚移植避免了工程区域内的珊瑚礁遭到严重破坏，同时通过移植，较好地保护了区域的珊瑚礁生态系统，为珊瑚礁的生态恢复奠定了良好的基础，后期经国家专业研究机构观测表明，移植的珊瑚成活率达到了 80%。二是加强了军港工程污染治理和环境保护。目前，军港区域环境空气质量、海水水质、声环境均达到相应的国家和地方标准，环境质量良好。三是通过对工程构筑物科学设计、合理布局，在风格、色彩等方面较好地与当地自然环境、社会环境相融合，在避免对周围景观，特别是风景区景观要素造成干扰的同时，又成为风景区的另一道风景线，促进了当地社会经济的发展。

二、某军用油库生态环境保护

（一）基本情况

某军用油库属 3 级油库，进油方式主要为水上进油，油库输油管线为埋地管线。油库周围属居住、企业混合区，5 km 范围内有居民 900 余户、企业 10 余家，人员共约 16 100 人。油码头下游 2 km 处、10 km 处分别有一个饮用水水源取水口。加强油库风险防范，防止油库泄漏、爆炸等环境风险事故，是该油库生态环境保护的重要工作。

（二）主要做法

一是分析风险，完善应急预案。针对油库存在的最大可信事故——码头溢油事故，该油库委托有资质的评价单位，对其可能溢油的风险进行了科学分析预测，结果表明，在溢油 7 t 的情况下，泄漏 1 h 后，扩散面积可达 0.13 km^2，厚度达 3.75 μm，流动距离达 0.9 km；约 2 h 后油膜可到达下游 2 km 处的取水口，8 h 后，油膜可到达下游 10 km 处的取水口。可见一旦发生溢油事故，油膜将对油码头下游地表水体产生一定的污染。油库管理单位根据预测结果，按照评价要求，制订了溢油事故的应急预案，建立了溢油事故应急组织指挥机构，出现突发事故时，在应急组织指挥中心的指挥下展开应急工作。海事部门工作船负责浮油清除；严格了事故报告制度，当发生溢油事故时油库应及时报告，事故处理完毕后，应将事故原因、溢油量、污染清除处理过程、污染范围和影响程度形成书面材料，上报海事及环保部门，由海事、环保等部门组织调查。

二是建立健全安全管理制度体系。主要内容包括岗位专责制、交接班制、岗位联系制、巡回检查制、设备维护保养制、岗位练兵制、安全生产制。同时，编制了周围企业和人员分布图，并指定具体联络人，确保发生较大的事故时，能在第一时间通知可能受到影响的企业及人员，组织人家撤离。

三是完善有关污染防治设施。为码头配备溢油事故应急设施，主要包括围油设备（充气式围油栏、浮筒、锚、锚绳等附属设备）、消防设备（消油剂及喷洒装置）、收油设备（吸油毡、吸油机）和码头工作船（利用当地海事局工作船）等。建设 1 800 m^3 事故池，油库火灾消防喷淋水经收集后全部进入事故池暂时储存，含油污水经处理装置处理达标后排放；发油区地面四周设排水沟，地面冲洗水经排水沟收集后进入事故池暂时储存，含油污水经处理装置处理达标后排放；油库内的排水管网（包括雨水管网、污水管网）全部设置切断装置，必要时可以确保及时切断排水管网，严防事故废水进入附近河流。

四是优化有关污染防治措施。对于浮油的清除，用围油栏将码头及油船周围的开敞水域包围起来，并布设吸油拖栏，用锚及浮筒固定；工作船上配置吸油机和轻便储油罐，将收得的溢油用泵打到码头平台污水箱，再送至油库区含油污水处理装置处理或回收使用；投放吸油毡收集浓度较小的残油，吸油毡经脱水后可重复使用，报废的吸油毡进行焚烧处理。对于受污染的土壤，刮除表土，并送当地固体废物管理中心进行处理；对于受污染的水体，采取积极的净化措施，如撇取表层污染物等，撇取的污染物要送到污水处理厂处理或进行焚烧处理。

五是建立军地联防联治机制。与毗邻单位组成治安与消防联防组织，安全保卫职能部门负责与之保持密切联系，定期研究了解社会治安情况，搞好安全教育和防火、灭火技术训练，共同保卫油库安全；与驻地环保、公安、民政等部门建立联动机制，保证发生事故时，能妥善安排撤离人员的生活。对影响区进行联合监测，保证环境恢复达到规定要求等。

（三）主要成效

油库自建成投入使用后，管理单位对储油罐区、油码头、发油区、输油管线等制订了相应的灭火救援预案，对各个潜在的火灾、爆炸危险源建立了相应的消防处置卡片；对各种危险情况进行了划分，列明了其基本情况和各种状况的应急处置措施；定期或不定期地组织官兵开展应急演练。多年来，在管理单位的严格管理下，油库运行良好，未发生任何码头溢油事故。

第四章 军事活动生态环境保护

军事活动生态环境保护是军事生态环境保护的重要内容之一，涉及军事训练、军事演习、军事实验或试验等多个方面。加强军事活动中的生态环境保护工作，在各种军事活动中严格管理，采取各种措施、办法减少污染物的产生和排放，尽量减少对生态环境的干扰和破坏，可有效地促进军事活动和生态环境保护协调发展。

第一节 概述

军事活动是军队履行巩固国防、抵抗侵略、保卫国家安全等职责的主要方式和手段。从整体上看，军事活动会对生态系统造成多方面的破坏和影响，从土地使用到水环境安全，从空气污染到对自然资源的破坏等，其中有些与工农业生产、城市生活及各种经济活动产生的污染相同，而有些则有一定的特殊性。在不考虑战争因素的情况下，军事活动的污染类型包括军事设施建设和退役、军事训练、军事实验或试验、军队生产活动、军用物资运输和储存等对环境造成的污染和破坏。

军事训练对生态环境的影响是全方位的，包括陆上演练、海上航行、空中飞行、实弹射击等对环境的破坏和影响。主要有各类机动装备产生的尾气、扬尘，武器装备使用产生的废气等对大气环境的污染；舰艇含油污水、生活污水和生活垃圾的排放对海洋生态环境的影响；飞机、坦克及各种车辆产生的噪声污染；炮火轰击、人员和装备的活动对训练区域生态环境的破坏以及产生的垃圾等固体废物污染；电子设备使用产生的电磁辐射污染；各类新武器和新装备使用产生的有毒、有害物质和放射性物质对水质、大气、土壤以及生态环境的污染等。

例如，美国海军使用的一种新型低频声呐系统可以探测到常规声呐不容易发现的敌方潜艇，但是这种系统会给海洋中最大的哺乳动物鲸带来灭顶之灾。因为鲸是靠低频回声定位系统进行交流和巡游的，而且它的低频回声定位的频率与美军这种新型声呐系统的频率非常接近，因此容易受到海军的这种低频声呐系统的伤害，它们可能会因迷失方向而被冲上海滩。

军事实验或试验对生态环境的影响十分复杂。军事实验污染的种类和影响范围非常广泛，但相对而言，其影响和破坏的强度一般较小。军事实验对生态环境的污染主要包括实验室实验活动产生的废水、废气、固体废物和辐射性物质对自身环境及周边环境的影响和污染。军事实验活动产生的诸如推进剂废液、废水、废气、辐射、固体废物、生化物质等对生态环境的影响则相对较大。

由于生产性质的不同，军队的生产活动对环境的影响存在很大差异。制造、修理等活动对环境可能产生污染和影响的主要有工业废水、废气、废渣、噪声和辐射等，如电镀废水中的重金属，洗消过程产生的含油废水、粉尘和其他有毒、有害物质等，锅炉产生的烟尘、烟气，喷漆产生的有机废气等。在核武器以及常规武器的生产、存储和测试中有大量的污染物释放，会造成大范围的污染。1942 年，美国建立了某化学武器制造基地，主要制造神经性毒剂、常规武器、炸药等，这些生产活动释放出许多有毒物质，有些甚至迁移到周围的岩石和地下水中，对周围的生态环境造成了破坏，威胁着周围居民的身体健康，而清理工作又十分艰难且耗资巨大。农副业生产活动对环境可能产生的污染和影响主要包括化肥、农药使用对土壤的污染，农机使用对空气和声环境的污染，农用塑料产生的白色垃圾污染以及可能的生物污染等。

军用物资特别是危险物品在运输和贮存过程中的环境安全问题同样不容忽视。近年来，军用危险品泄漏和在运输中爆炸的事件时有发生，成为一大隐患。有资料显示，突发事故最多的环节就是运输，每天都有车辆在运输军用危险品，对城乡居民产生了潜在的危害。有毒、有害军用品的贮存对环境的影响也较大。例如，英国一些在第二次世界大战中贮存芥子气的地区，其土壤和地表水被污染，至今仍无法彻底消除。

裁减军备、销毁武器本来是好事，但同样会对生态环境造成破坏。美国曾把 12 000 枚“过时”的神经性毒剂弹和 5 000 t 糜烂性毒剂容器投入大西洋，这种不负责任的处理方法极大地损害了生态环境。目前，全世界有成千上万废弃的武器弹药等待被销毁。在我国，仅日军侵华战争留下的生化武器的处理与处置对环境造成的损害就无法估量。

军队高度重视军事活动中的生态环境保护，《中国人民解放军环境保护条例》明确要求：大型训练和实验等军事活动，在编制任务与计划时，应当论证其对环境可能造成的污染和破坏，并采取有效措施，最大限度地防止和减少环境污染与危害。军事活动的展开和实施过程中，军队环境监测部门应当对其污染情况进行跟踪监视和测试，以便及时处理可能发生的污染事故；军事活动结束后，应当组织专门力量对军事活动的环境破坏现状进行监测和评估，并应根据评估的结果，研究恢复和补救措施，尽可能把对环境的污染和损害程度降到最低。依据《中国人民解放军环境保护条例》和原总部机关有关指示要求，军队大力加强军事活动中的生态环境保护工作，在各种军事活动中严格管理，采取各种措施和办法减少污染物的产生和排放，尽量减少对生态环境的干扰和破坏，在保证军事活动顺利实施、圆满完成的同时，也较好地保护了活动区域的生态环境，充分展示了军队“威武之师、文明之师”的良好形象。

第二节　主要做法

一、制定规章制度，规范军事行为

根据国家和军队有关环境保护的法律法规、方针政策和标准，结合军事活动的任务、性质和特点，由原总部机关、原各军区和军兵种业务主管部门、军事活动组织实施单位制定军事活动生态环境保护指南、办法等，用规章制度约束和规范广大官兵的行为，限制损害环境的军事活动，促进军事活动和生态环境保护协调发展。

二、加强环保宣传，提高环境意识

军队负责环境宣传教育的部门与其他业务部门协调配合，在军事活动的组织实施过程中，采用经常性教育与集中教育、普及教育与重点教育、理论教育与行为教育相结合的方式，广泛开展宣传教育活动，将环保的理念融入军事活动，在保障任务完成的前提下，尽可能减少对环境的影响。在宣传教育中注重科学性、知识性、趣味性和实效性，出版一系列科学性和趣味性较强的科普读物，如《最后的漂木》《生存的危机》《沧桑的家园》等。充分利用“3·12 植树节”“3·22 世界水日”“6·5 世界环境日”等时机进行针对性普及教育。印制带有生态环境保护宣传图片的扑克牌，使广大官兵在休闲娱乐的同时，了解生态环境保护的内容、方法，正确引导官兵行为。

三、严格环境管理，减少生态破坏

一是在拟订军事活动计划时充分考虑生态环境保护。军事活动特别是军事训练和演习涉及大量装备、物资材料和能源等，司令部门在拟订军事活动计划时，必须综合考虑军事训练和演习实施后对各种环境要素及其所构成的生态环境系统可能造成的影响，提出切实可行的对策和措施，并把这些对策、措施纳入军事活动和演习计划。二是在军事活动计划实施前认真开展环境影响评价。计划环境影响评价是指对计划实施可能造成的环境影响进行分析、预测和评价，并提出预防或者减轻不良环境影响的对策和措施的过程。军事活动计划环境影响评价要在深入的计划分析、充分调查训练和演习计划所涉及的区域环境现状的基础上，识别出敏感的环境问题和制约拟议计划的主要因素，预测和评价计划方案对环境保护目标、环境质量的影响。对拟议军事活动计划方案提出详细的环境保护对策和措施，提出拟议计划实施后应采取的生态修复和环境补救方案。三是加强军事活动计划实施过程的管理。首先，在军事活动实施前进行广泛动员部署，向广大官兵讲清楚生态环境保护的重要作用和意义，该军事活动过程中必须注意的事项、内容以及管理的具体要求。其次，结合军事活动所涉及区域的生态环境特征等，印发生态环境保护小册子，使参加军事活动的官兵掌握该活动的生态环境保护方法、措施、要求等。最后，成立军事活动生态环境保护志愿联合会，在有关指挥机构的领导下，开展群众性监督管理，发动广大官兵积极参与生态环境保护行动。四是做好军事活动计划完成后的善后工作。首先，按照规定及时收集、处理或处置军事活动过程中产生的污染物或废弃物。其次，把剥离的、暂时存储于其他地方的地表植被及时复植于被剥离植被的迹地之上；对于不能及时复植的，则采集周边的草籽、草种等撒播于这些迹地之上，或协调并委托相关单位和部门在部队撤离后做好植被修复工作。最后，认真总结军事活动生态环境保护工作的经验和教训，为做好后续军事活动的生态环境保护工作提供指导。

四、开展综合整治，防治环境污染

一是实施源头治理。源头治理是指军事活动特别是军队在军事实验、试验和生产活动中，尽量采购、使用、制造达到国家环境标准并对生态环境友好的材料、技术和装备，节约资源，减少污染物的排放。在军事活动中加强源头治理，进行污染预防，不仅能够使军队有效执行国家和军队的环境保护法律法规和标准，减轻对生态环境的压力，而且能减少军队污染治理的经费开支，改善军队的生活和训练环境，从而间接促进军队战斗力的提高。例如，海军通过改进潜艇的设计减少了约 50% 的有害与放射性物质；使用钨代替子弹中的铅，大大减轻了轻武器射击训练对土壤的污染；采用新型材料代替木材制造轻武器，明显减小了林木资源的压力。二是强化末端控制。预防并不能减小和消除已经产生的环境危害，也不可能在没有任何经验的情况下防止所有环境问题的产生。根据“谁污染，谁治理”的原则和《中国人民解放军环境保护条例》的相关规定，军队通过各种途径筹措经费，配套建设和完善污染治理设施，强化末端控制，对军事活动所造成的消极环境影响切实地负起应有的责任。“九五”期间，军队环境保护工作共投资 19 410 万元，完成医疗污水、军队特种污染源、工业“三废”等治理 780 项。“十五”期间，全军积极开展放射性污染防治，确保了武器装备、人员和环境的安全。“十一五”期间，全军以创新的思路和超常的干劲狠抓落实，圆满完成了包括环境污染防治在内的各项生态环境保护任务。三是加大污染源监督管理。首先，制定和完善军事活动（特别是军队试验、实验和生产活动）的生态环境保护规章制度，明确职责任务。其次，在军事活动中建立管理机构，形成骨干队伍。最后，在强化生态环境保护措施的同时，以监督性监察为抓手，通过梳理污染源普查结果、建立污染源台账，充分发挥军队环境监测站的作用，采取定时监测监察、不定时抽查监测等形式，持续开展对军队试验、实验和生产活动的现场监察，有效防止污染源超标排放。

五、配发环保装备，提高保护效果

军队针对军事活动产生的污染物和生态破坏的特征、规模等，不断加强科学研究，在吸纳既有技术和设备的基础上，大力研发适应军事活动的生态环境保护、治理、恢复等方面的技术和装备。一是针对军事活动产生的军事特种污染物，研发处理效果好且经济合理的技术装备。例如，针对导弹推进剂废水主要污染物偏二甲肼、四氧化二氮及其反应产物去除问题，研发臭氧氧化处理技术、等离子催化氧化处理技术等，研制推进剂废水、废液收集处理车。二是针对军事活动产生的大量常规污染物，研发机动的处理和处置装置。例如，针对军事活动产生的粪便处理问题和废弃物处置问题，研制军用移动厕所、垃圾焚烧车。三是针对军事活动无法避免毁坏植被的问题，研发军事活动环境管理技术、植被剥离与恢复技术等，为及时、有效地治理与修复被军事活动破坏的环境奠定了坚实基础。

六、编制应急预案，做好事故防范

军事活动往往涉及大量军用物资特别是危险物品的运输和贮存，这些危险物品的运输和贮存存在一定的环境风险事故隐患。对此，必须认真编制环境应急预案，做好环境风险防范工作。一是认真识别环境风险源项。首先，对军事活动中涉及的有毒、有害、易燃、易爆物质进行危险性识别和综合评价，筛选出重要的环境风险因子。其次，结合物质危险性识别结果，根据军用物资运输、储存的特征，分析可能发生环境风险的环节和部位，确定潜在危险单元（或环节）及重大危险源。最后，统计历史上国内外、军内外同类事故的发生情况，归纳事故的原因、类型、频率和危害程度，采用定性与定量相结合的方式，分析最大可信事故发生的概率，估算危险品泄漏量等。二是预测风险事故的生态影响。一方面，充分调查军事活动路线或物质存储地周边生态环境的情况，明确生态环境保护目标的基本特征。另一方面，依据涉及地域的典型环境气象、河流水文条件，分别估算不同类型的环境风险源项对生态环境及其保护目标的影响范围及程度。三是加强风险管理。一方面，完善环境风险防范措施，包括在行动路线或储存地点周围设置安全、卫生防护距离，合理布置储存设施，配置自动监测、报警和紧急停车系统以及防火、防爆、防中毒等事故处理系统，设置应急救援设施及通道等。另一方面，制定环境应急预案。在预案中，明确应急组织机构、人员、职责，规定预案的级别和分级响应程序，应急状态下的报警方式、交通保障，应急环境监测、抢险、救援及控制措施等。

第三节　建设实例

一、某部队远距离拉练行动生态环境保护

（一）基本情况

为检验和巩固训练成果，提高部队在酷暑条件下的综合保障能力，驻渝某部队于 2013 年 9 月中下旬开展了 300 km 野营拉练。拉练区域为中低山区和丘陵，地跨贵州、重庆两省（市），沿途经过一个国家级自然保护区和一个风景名胜区。经过的国家级自然保护区属于森林生态系统类型自然保护区，主要保护对象是亚热带森林生态系统及其生物多样性、不同自然地带的典型自然景观、典型森林野生动植物资源。保护区拥有维管束植物 210 科、3 481 种，其中国家一级保护植物有红豆杉等 6 种，国家二级保护植物有 191 种；野生动物 150 科、706 种，其中国家一级保护动物有云豹、林麝、金雕等 4 种，国家二级保护动物有金猫等 35 种。经过的风景名胜区为娄山关风景名胜区，景区内植被茂密、文物古迹众多。

（二）主要做法

一是在拟定拉练行动之前，派出一个包括生态环境保护专家在内的工作组实地勘察并确定具体的行军路线。生态环境保护专家负责对沿线

的生态环境及其依托设施进行详细的调查，并在拟定的行军路线图中明确标示出重要的文物古迹、森林群落、水源保护区等保护目标。二是在制定具体行军方案时，充分听取生态环境保护专家的意见，在行军路线确定和宿营设置时对重要的生态环境保护目标进行合理避让，并聘请军队有关专家对此进行专项的评估。三是委托部队有关科研机构编制《××××300 公里拉练行动生态环境保护指南》小册子，并分发至部队每一名参训官兵手中。指南主要包括野生动植物资源、文物古迹保护等方面的法规要求，行动区域自然环境，行动区域主要的生态环境保护目标，重点保护对象的图片、生态习性和生态价值，行动的注意事项和管理要求等。四是聘请军地有关专家为广大官兵做专题讲座，强化官兵对生态环境保护的认知，进一步提高广大官兵生态环境保护的自觉性、科学性和针对性。五是组建生态环境保护保障分队，分队主体由参加行动的官兵组成，负责收集、整理行军过程中产生的固体废物，设置和清理生态环境保护警示牌、警示线，组织开展生态环境保护文艺宣传等。

（三）主要成效

参训官兵通过个人自学、专题教育等，均能充分认识到保护当地生态环境的重要性。参训官兵的行为得到了有效规范，生态环境保护意识明显提高。整个训练过程未发生破坏林木特别是国家保护树种、污染行军途中水资源、猎杀野生动物、捕杀禽鸟等现象；训练过程产生的废物得到了及时、有效的处理。参训官兵井然的秩序、规范的行为、熟练的业务赢得了自然保护区管理处、风景名胜区管理办公室及沿途群众的一致称赞。

二、某部山地攻防演习生态环境保护

（一）基本情况

为检验部队训练效果、提高战斗力，探索高技术条件下山地攻防战的战术方式，某部组织战区所属陆、空部队实施山地攻防演习。演习地点在云南某训练场，属于热带山岳丛林地，位于珠江源省级自然保护区。场区面积为 120 km^2，其中林地面积达 107 km^2，主要植被类型为旱冬瓜和栎类阔叶林、云南松针叶林、马尾松和栎类针阔混交林等。阔叶林主要分布于山地中上部，针阔混交林主要分布于山地中下部。草地、疏林地、乔灌林地主要分布在山地中下部，属人工次生林。训练场年平均气温为 14℃，全年雨量为 1 020 mm，年温差小，日温差大。训练场旱雨季分明，5—10 月为雨季，降水量占全年的 87%。演习部队宿营地、炮兵阵地及装备集结地主要集中于训练场地势较为平坦的草地和稀疏林地。

（二）主要做法

第一，为保护训练基地的生态环境，在演习计划实施前，某部委托部队有资质的环境影响评价机构对演习计划开展深入的环评工作。环评单位在接受委托后，对演习区域的自然环境现状、环境污染源以及环境质量现状等进行了详细的调查，同时对同类计划可能涉及的环境因素等内容展开了广泛的咨询调查。环评报告分解和列出了演习计划实施的主要活动，深入分析并阐明了演习计划的实施可能对训练场空气环境、土壤环境、水环境质量的影响以及对训练场草地、阔叶林地等造成的生态破坏，分析预测了演习计划实施对环境质量及生态的影响范围和程度，提出了生态环境保护对策措施和跟踪监测计划。

第二，某部司令部门根据评审结果通过了《××××演习计划环境影响报告书》，对演习计划进行了优化，进一步强化了生态环境保护措施。一是统筹优化了油料、宿营器材、野营供水及水处理装备、林草地保护所需的军用帆布等方面的保障。二是优化了演习区域的功能区划，避让了发育良好的森林生态系统，设置了环境安全防护距离，进一步加强了森林防火措施。三是协调该区联勤部门，要求训练基地对演习区域供水排水、油料供给防渗漏、废物收集、粪便处理等基础设施做了进一步清理、整治。

第三，在演习实施中积极倡导“绿色军演”理念。参演部队到训练场集结的第一时间，上的第一堂课就是保护森林生态植被的环保课，训练场管理单位的领导亲自给官兵讲解了《中华人民共和国森林法》《中华人民共和国草原法》和军事管理区关于生态环境保护的有关规定。在参演部队野营区、战车停车场等周围的林草地上，设置了随处可见的“爱护森林、从我做起”警示牌；在暂存物资器材的草地上，铺设了军用帆布，以减轻人踩车轧对草根的伤害，保证活动撤收后草地快速恢复原样。

（三）主要成效

一是演习区域环境质量得到了明显改善，过去演习区烟尘滚滚的现象得到了改善。二是通过及时对防御阵地壕沟等进行回填，对炮兵阵地剥离的地表及时覆土播草，林草植被得到了有效的保护和恢复，演习所毁坏的林木植被明显减少。三是官兵的素质得到了提高。通过开展环保评比和表彰，有效地提高了参演部队的环保积极性和参与度，参演部队的官兵在实践中培养了良好的“绿色军演”作风。

三、索马里海域护航行动海洋生态环境保护实例

（一）基本情况

遵照中央军委的决策和指示，海军舰艇编队前往亚丁湾索马里海域执行“蓝盾”行动，到 2012 年年底，共派出舰艇编队 13 批次，出色地完成了各项护航任务。

（二）主要做法

虽然护航行动时间长、距离远，护航海域环保要求严，舰艇污染物产生量大，污染防治工作任务繁重而艰巨，但参加护航的各部队及基地军港的环保部门通过以下三个方面认真做好舰艇环保工作，并取得了较好的成效。

一是积极开展环境保护宣传教育，提高护航官兵的环保意识。各基地军港环保部门针对护航环保要求，编印了《海洋环保知识手册》并发放给护航部队，举办护航环保知识讲座、知识竞赛等宣传活动，组织护航舰艇官兵认真学习《海军舰艇油类污染物记录簿》登记要求、相关海洋环保法规制度。据统计，军港环保部门共发放宣传材料 1 270 册，组织环保讲座 17 场次，举办知识竞赛 2 场次，培训人员近 3 500 人次。各护航部队领导利用任务部署、例会、讲评总结、业务学习等时机，持续搞好思想发动，进一步提高了护航部队官兵的环保意识。

二是加强监督检查，完善配齐防污装置和物资器材。装备部门为护航舰艇加装、改装了防污染装置和设备，保证每艘护航舰艇配置垃圾处理装置 2 台、生活污水处理装置 2 台、油污水分离器 1～2 台，综合补给舰还配置垃圾焚烧装置 1 台，并配备了一定数量的易损零部件。各有关基地军港环保部门制订了环保监督检查计划，护航编队出航前，组织人员对护航舰艇各类防污设备、物资器材的配备和使用情况进行现场监督检查，发现问题及时协调解决。据统计，军港环保部门共为护航编队

补充配备了排污软管 1 920 m、快速接头 248 个、大垃圾袋 15.8 万个、小垃圾袋 46.9 万个、垃圾桶 700 个、塑料桶 4 000 个、柠檬酸 2.4 t、漂白粉 3.1 t、吸油毡 500 张，为护航舰艇提供了比较充足的防污染物资器材。

三是克服航行过程中的各种困难，努力做好各项污染防治工作。各护航编队党委、首长高度重视护航环保工作，将其作为维护国家形象、展示军队“文明之师”的重要内容，充分利用各种机会强调舰艇污染防治工作的重要性，并提出了明确要求。部分部队还建立了环保责任制，各舰艇成立了由一名副职任组长，机电长任副组长，帆缆、防化及机电部门成员参加的环保监督组，明确了各类污染物处理的责任单位和个人。各护航部队认真研究护航过程中出现的垃圾量大、处理困难以及防污设备故障率高等实际问题，采取了一些行之有效的措施。例如，驱九支队在总结第一批护航经验后，针对垃圾量大、处理难的问题，在后续护航行动中，将液态饮料改为固态饮料，加大瓜果和根茎类蔬菜比例，有效地减少了垃圾量。

（三）主要成效

索马里海域护航行动不仅充分地展示了我国的国威、军威，而且护航舰艇编队认真履行了国际海洋环保公约和我国的海洋环保法规，树立了“文明之师”的良好形象。

第五章　军事区域三荒造林与林木资源管护

军事区域三荒造林是指军队在军事区域的荒地、荒山、荒滩上，进行植树种草、封山育林（草）和退耕还林、还草、还湖的生态治理活动。林木资源管护是指运用行政、技术、法律和教育的手段，针对军队林木资源保护所实施的各种技术措施和组织保障活动。积极响应党中央号召，按照中央军委的决策部署，全面完成军队三荒造林和林木资源管护任务，是军队生态环境建设与保护的重要内容。

第一节　概述

一、目的及意义

植树造林、绿化祖国、加强生态建设是一件利国利民的大事，也是推动国家经济、社会可持续发展的一项战略任务。党和国家一直高度重视祖国的绿化事业，几代领导人都发出“绿化祖国”“植树造林”“再造秀美山川”等号召，党的十八大报告中明确提出“努力建设美丽中国，实现中华民族永续发展”的要求。随着我国生态治理和生态环境建设步伐的不断加快，加强军事区域内荒山、荒地、荒滩造林绿化和林木资源的保护及管理，是时代赋予军队生态建设的重大使命。

二、原则任务

（一）原则

军队三荒造林与林木资源管护遵循的原则是“全员参与、因地制宜、植管并重、讲求科学、有利战备、注重效益”。

（1）全员参与。三荒造林与林木资源管护是一项公益性事业，也是一项涉及全体军事单位和人员的工作，必须动员所有单位和全体人员积极参与。

（2）因地制宜。部队营区遍布全国各地，点多、线长、面广，不同的地区有不同的环境条件和生态要求，因此军队三荒造林必须做到适地适树，确保苗木种得活、长得好。

（3）植管并重。三荒造林的基础在植树，关键在管护，只有坚持将植树与管护结合起来，才能确保所造之林健康地生长发育。

（4）讲求科学。植树造林是一项技术性强的工程，涉及土地整理、树种选择、苗木培育、栽种方式、林木抚育以及配套设施等多方面技术问题，故植树造林时必须遵循自然规律、讲求科学，避免盲目实施。

（5）有利战备。军队三荒造林与林木资源管护工作的落脚点是加强军事防御、提高部队战斗力，必须始终着眼于确保军事安全、提高官兵的生活质量和健康素质，切实为广大官兵创造良好的工作、生存和生活环境，为军队的现代化建设和部队战斗力的持续提高创造良好的环境条件。

（6）注重效益。军队三荒造林与林木资源管护工程必须采用先进的栽培技术，推广适用的科技成果，实行全过程质量控制，确保工程取得良好的生态效益、军事效益和社会效益。

（二）任务

军队三荒造林与林木资源管护的基本任务是组织开展以荒山、荒地、荒滩植被培育为主的生态环境建设，进行义务植树，保护绿化资源，为军队建设和国家可持续发展服务。

三、主要成效

中华人民共和国成立以来，军队在三荒造林和林木资源管护上取得了突出成绩，为国家生态建设做出了应有的贡献。中华人民共和国成立初期，广大官兵积极响应毛泽东同志“实现大地园林化”的号召，开始在营区四旁植树。20 世纪 70 年代，军队营区空闲土地逐步发展成片林。受军队生态建设未形成完善的管理体制机制影响，这些活动主要依靠各部队自发推动，生态建设成效不够明显。20 世纪 80 年代，广大官兵积极响应邓小平同志“义务植树”的号召，积极推进植树造林工作。1982 年 1 月 12 日，总参谋部、总政治部、总后勤部联合下发了《关于贯彻执行五届人大四次会议〈关于开展全民义务植树运动的决议〉的通知》，1982 年 12 月 20 日，国务院和中央军委印发了《军队营区植树造林与林木管理办法》，明确了营区植树造林与林木管理的具体要求和办法。这一时期军队的生态建设工作主要是提高绿色植被覆盖率，对生态环境起构建和保护作用。实现了“两绿、两好”，即营区绿化、驻地周围基本绿化和环境好、效益好；全军园林式营院达标单位上升到 85%以上。2000 年，党中央、国务院做出实施西部大开发的战略决策，把生态环境建设作为实施西部大开发的重要措施和切入点，中国人民解放军环保绿化委员会办公室紧紧抓住这次机遇，加强与国务院西部开发办、国家计委、财政部、国家林业局等有关部门沟通协调，积极反映军事区域生态建设工作面临的困难和问题。国家相关部门领导十分重视，明确表示军事区域三荒造林是国土绿化的组成部分，理应纳入统一规划建设。2002 年 10 月 11 日，国务院西部地区开发领导小组会议确定，将军事区域三荒造林纳入国家生态建设范围，从政策和经费上给予支持，实行统一规划，同步建设。从 2003 年起，军事区域的三荒造林被纳入国家生态建设轨道，成为国家六大林业工程之一——退耕还林工程的一个重要组成部分。国家按照每亩苗木给予相应补助，对军事区域进行三荒治理。通过三荒土地治理一期工程的实施，完成了军事区域 2 000 万亩三荒土地治理任务，其中三荒造林 799.1 万亩，人工种草 305.4 万亩，封育恢复林草植被 731.8 万亩，飞播造林种草 163.7 万亩。黄河流域以及草原地区部队，以小流域治理、防风固沙和草地恢复为主，通过大力开展退耕还林还草、人工造林种草、封山育林育草、飞播造林等多种措施，逐步建立起了多林种和多树种相结合、生态结构稳定和功能完备的防护林体系；完成三荒土地治理 184.7 万亩，其中三荒造林 68.1 万亩，人工种草 28.3 万亩，封育恢复林草植被 69.9 万亩，飞播造林种草 18.4 万亩。长江流域以及沿海地区部队，以小流域、山系综合治理和恢复扩大林草植被为主，通过退耕还林、人工造林、封山育林、飞播造林、种苗基地建设，基本遏制住了水土流失；完成三荒土地治理 304.5 万亩，其中三荒造林 112.9 万亩，人工种草 45.5 万亩，封育恢复林草植被 115.6 万亩，飞播造林种草 30.5 万亩。京津风沙源综合防治区以及三北防护林建设区部队，以防风固沙和林网建设为主，通过采取综合措施，大力开展了沙区特别是沙漠边缘区造林种草和围封，使现有荒山、荒地、荒滩尽快绿起来，恢复和增加沙区植被，控制荒漠化扩大趋势，减少风沙危害，加快石化山地造林绿化；完成三荒土地治理 1 510.8 万亩，其中三荒造林 618.1 万亩，人工种草 231.6 万亩，封育恢复林草植被 546.3 万亩，飞播造林种草 114.8 万亩，为促进部队全面建设、维护国土生态安全做出了突出贡献。2003 年，党中央、国务院做出加快林业发展的重要决定之后，国家加强生态效益补偿工作，全面启动中央森林生态效益补偿基金制度，试点工作扩大到 20 多个省市，专项投资扩大到 20 亿元，军队重点林木资源一并纳入国家规划，享受政策、经费支持。2004 年，全军开展了林木资源普查，确定军队重点林木资源总量。同年，经国务院批准，首批军队重点林木资源正式纳入中央财政支持范围，长期享受资金支持。为规范军队林木资源管护工作，中国人民解放军环保绿化委员会依据国家《中央财政森林生态效益补偿基金管理办法》，于 2005 年 1 月 29 日以总后勤部名义制定印发了《军事管理区森林生态效益补偿基金管理办法》，2007 年，因国家生态效益补偿基金管理办法重新修订，故军队也修订颁布了《军事管理区森林生态效益补偿基金管理办法》。自此，军队林木资源管护工作步入科学化、规范化和专业化的轨道。2009 年，国家扩大生态效益补偿基金范围，又将军队其余的重点林木资源全部纳入中央财政支持范围。

第二节　主要做法

一、军事区域三荒造林

（一）明确责任

军队三荒造林实行行政首长负责制、机关部门分工负责制和单位目标管理责任制。行政首长负责制是指军队各级首长和机关应当加强对三荒造林工作的组织领导，健全组织机构，保障必要的经费；三荒造林工作要摆上党委的重要议程，各级党委和首长要定期听取有关工作的汇报，研究部署有关三荒造林的工作；要建立严格的三荒造林工作责任制，形成层层抓落实的工作局面；在考核单位工作和主官政绩时，要把三荒造林工作情况作为考核的重要内容，成绩突出的要大力表彰，工作失职的要追究责任。机关部门分工负责制是指各有关部门对三荒造林工作各尽其职，各负其责，形成合力，齐抓共管，切实做到责任、措施和投入“三到位”；各部门明确各自的绿化工作目标和任务，恪尽职守，真抓实干；把军委、总部制定的各项绿化政策和措施落到实处，收到实效；要保证必要的经费投入，保证所负责系统有关三荒造林工作任务的全面落实。单位目标管理责任制是指各单位主要负责人要对所辖区域的生态环境质量负总责，并就任期内要达到的绿化目标与上级主管部门签订责任书，立下“军令状”，定期公布实施进度和效果，自觉接受上级部门和全体官兵的检查和监督，确保绿化目标的全面实现。

（二）摸清底数

针对军队驻地分散的特点，军队三荒造林通过土地利用普查，准确掌握军事区域土地利用的现状与消长变化动态，宏观分析土地资源利用变化趋势，为制定、编制和调整三荒造林规划提供科学决策依据。在普查之前，首先聘请军地有关专家组成专家组，制定普查方案和技术细则；其次从各单位抽调干部组成普查技术服务队，组织集中培训，通过专家辅导讲解，统一思想认识、掌握普查技术要领；最后再把普查技术服务队分成若干小组，分区负责到基层部队具体指导普查工作。

（三）制订规划

军队三荒造林工作中长期规划是军队绿化建设的全局性、长远性的宏观战略性规划，其主要内容包括基本情况、指导思想、基本任务、奋斗目标、主要措施和基本要求六个方面。中国人民解放军环保绿化委员会办公室根据国家生态建设的总体要求和军队建设的实际需要，编制全军三荒造林工作中长期规划。原各军区环保绿化委员会办公室根据全军三荒造林工作中长期规划和驻地人民政府生态建设规划，编制本单位三荒造林工作中长期规划，并报中国人民解放军环保绿化委员会备案。2003 年 9 月，全军组织开展了对军事区域宜绿三荒土地和森林资源情况的普查，在摸清底数和充分论证的基础上，研究制定了《2003—2007 年军队生态环境建设规划》，经中央军委批准后由中央军委办公厅印发全军贯彻执行。按照全军规划要求，原各大单位和建设单位分别制定了科学、翔实的实施方案及年度作业计划。为保证重点项目建设方案科学合理、切合实际，全军连续 7 年组织对万亩以上的年度造林绿化建设方案进行集中评审和严格把关，对方案中用苗不科学、经费投资不合理等情况提出了建议并进行了改进。

（四）健全法规

为规范造林工作，提高造林质量，推动健康发展，2003 年 4 月四总部联合下发了《军队三荒造林工程建设管理规定》，2004 年 10 月总后勤部发布了《军队三荒造林工程建设项目检查验收办法》，2005 年中央军委批准颁布了新版《中国人民解放军绿化条例》。这些政策法规对军队三荒造林工作作出了基本界定和规范，是军队开展三荒造林工作的主要依据，对推动军队生态环境建设发挥了重要作用。各单位也相继制定了实施细则和检查验收办法等配套政策。各重点建设单位依据政策规定和有关要求，明确了“定区域、定单位、定人员、定责任”的工作思路。

（五）制定方案

军队三荒造林按照功能、用途和地域自然条件制定不同的技术方案。从功能上讲，三荒造林分为防护林造林、用材林造林和生态经济林造林，其中，防护林造林又分为水土保持造林、防风固沙造林、护路护岸林造林、护坡林造林。在地处我国西北地区的黄土高原山区、丘陵的军事区域，为加强水土保持林建植，一般选择根系发达、树冠浓密、落叶丰富、适应能力强、生长快、分枝多的乔灌木树种（乔木包括刺槐、侧柏、油松、杨树、山桃、山杏、白榆、臭椿、泡桐、苹果、核桃、柿子、花椒、桃、梨等，灌木有紫穗槐等），并根据不同的立地条件，尽可能地采取乔灌木混交（包括喜光与耐阴树种混交、针叶与阔叶树种混交）和综合性混交的方式，形成多树种、乔灌草结合的复层结构；在种植点的配置上采用“品”字形配置，以达到良好的水土保持效果。地处风沙区内的军事区域一般建设防风固沙林，通常选择风沙区的源头和边缘地带，通过建立防风固沙林、锁边林，阻止沙漠的进一步扩张。在风沙危害大的机场、靶场、训练场区等地，通过建立林网改善小气候。在条件许可的地方，要设沙障，采用灌木、草、树枝、黏土、石块、板条等，在沙面上设置障碍物，以控制沙的运动方向、速度和结构，从而减少风蚀和沙蚀。针对军事区域风沙区的不同类型主要有4种造林模式：①风沙区以灌木为主的造林模式。在干旱少雨、地下水位低的地方，荒漠造林时应选择抗性强的灌木树种，如沙棘、柠条锦鸡儿、花棒、紫穗槐、沙柳、胡枝子等，必要时适当配置草种，营造以灌木为主的固沙林、锁边林。②风沙区以乔木为主的造林模式。在水分条件许可的区域进行荒山荒地造林时可选择杨树、刺槐、黑松、油松、侧柏、胡杨、沙枣等，适当配置灌木、草本植物，营造以乔木为主的固沙林、锁边林、林网等。③风沙盐渍区柽柳造林模式。沙化地区由于缺少淋溶作用，其低洼地都出现不同程度的盐碱化，在这类地块进行荒山荒地造林时，可选择抗盐碱能力强的柽柳、枸杞、沙枣、苦豆子等树种，以便生物排碱，减少土壤盐碱含量。④防风固沙林造林模式。常见树种有梭梭、柽柳、沙枣、沙拐枣、胡杨、花棒、杨柴、柠条锦鸡儿、沙蒿、黄柳、沙柳、刺槐、紫穗槐、沙打旺、樟子松、黑松、木麻黄、单叶蔓荆、小冠花、鹰嘴紫云英、火炬树、榕树等。在通往仓库、军港、码头、岸炮阵地等军事设施路旁和海岸边设置不同类型的防护林，有利于护路护岸，稳固路基，防浪固堤，减少风沙、雪害、水灾对军队专用铁路、公路、海岸、国防要地的危害。在地势平缓、土层深厚的山坡中下部，稳定而开阔的沟底及川塬、丘间低地、河流两岸等处，一般进行用材林、生态经济林造林。

（六）科学组织

科学组织主要包括五个方面的内容。一是广泛动员部署。军队三荒造林实施前，从中央军委到各部队，都要召开三荒造林现场动员大会，首长和主要领导均亲临大会做动员，对军队三荒造林工作进行全面部署并提出希望和要求。二是科学下达计划。根据部队驻地区域自然环境、社会经济发展水平、绿化状况以及营区绿化基础等，依据军队三荒造林规划，逐级分类下达三荒造林与林木资源管护工作的规模、建设标准、定额指标。三是签订责任书。任务下达后，各部队逐级签订责任书，确保三荒造林和林木资源管护工作按时、保质、保量地完成。四是全员抓落实。根据树木生长特性和规律，各部队及时调整作训计划，把造林任务逐一分解、责任到人，集中人力、物力、财力实施突击，确保造林任务得到严格落实。五是观摩和交流。召开全军三荒造林现场成果观摩会，组织有关单位代表观摩造林绿化现场，总结交流工作经验，进一步提高造林质量。

（七）监督管理

一是军队三荒造林与林木资源管护建设项目由具有相应资质的机构进行工程设计，建设单位必须按照设计方案组织实施。二是军队三荒造林与林木资源管护建设项目的施工主要由军队单位承担；确需对外承包的，按照规定采取招标的方式确定施工单位。三是三荒造林与林木资源管护建设项目施工采用先进的栽培技术，推广适用的科技成果，实行全过程质量控制，确保施工质量。除自然条件比较恶劣的地区外，植树种草的成活率应当达到85%以上。四是军队环境监督监测机构按照国家和军队三荒造林建设的有关标准，对建设项目的施工质量进行监督检查和评定。具体的监督管理工作内容主要包括4个方面：①监督检查各部门对有关三荒造林的方针、政策、法规、条例、制度、决定、指示等的贯彻执行情况。②监督检查有关部门照规依法承担的三荒造林的履行情况。③监督检查有关三荒造林的工作规划、计划编制和实施情况。④监督检查有关生态环境状况和生态破坏的恢复情况等。

（八）检查验收

三荒造林工程建设项目完成后，项目审批机关的绿化工作业务主管部门组织该项目的设计和建设，施工单位和环境监督监测机构进行竣工验收。此外，如果是国家专项投资的建设项目，还应接受国家有关部门的检查验收。检查验收的主要内容包括：①前期准备；②施工组织实施；③建设质量；④经费使用与管理；⑤档案建立与管理。

检查验收工作按照自查、复查、抽查的方式组织实施。①自查。由建设单位环保绿化委员会办公室组织，检查结果形成书面报告，报原军区级单位环保绿化委员会办公室。②复查。由原军区级单位环保绿化委员会办公室对三荒造林工程建设单位承担的建设项目组织全面复查，复查结果形成书面报告，报中国人民解放军环保绿化委员会办公室。③抽查。由中国人民解放军环保绿化委员会办公室对三荒造林工程建设单位承担的建设项目组织随机抽查，抽查结果形成书面报告，报中国人民解放军环保绿化委员会和国家有关部门。

军队三荒造林工程建设项目在检查验收后开展评比工作。评比采用百分制，得分在90分及以上的为三荒造林工程建设先进单位；得分在

80 分及以上、不足 90 分的为达标单位；得分在 60 分及以上、不足 80 分的为合格单位；得分不足 60 分的为不合格单位。中国人民解放军环保绿化委员会办公室在自查、复查和抽查的基础上，组织开展全军三荒造林工程建设先进单位和先进个人评选活动，获得全军三荒造林工程建设先进单位和先进个人的，由原四总部通报表彰，颁发奖牌或者证书。除不可抗因素外，在三荒造林工程建设检查验收中不合格的单位，应当责令限期改正；在限期内未改正的单位，给予通报批评。

二、军事区域林木资源管护

（一）制定管理规章

各林木资源管理单位依据《中华人民共和国森林法》《中国人民解放军环境保护条例》《中国人民解放军绿化条例》等，结合实际，研究制定林木资源管理、技术等的规程、规定和方案，建立科学管护责任机制，严格落实国家、军队的法规、政策和方针，严禁乱砍滥伐、盗伐林木和其他损害树木花草、破坏绿化资源的行为，依法严格保护军队管理和使用区域内的古树名木、濒危动植物，规范军队管护行为，提高军队管护水平，保障军队管护效果。

（二）科学区划并分类管护

在详查林木资源的基础上，根据军事区域林木资源的功能、发育状况等，对林木资源进行科学区划，实行分类管护。对于军事区域有水土流失现象的荒地、残林、疏林地和退化的天然草地，通常采用封山育林育草的方法保护林木资源。军事区域封山育林的方式主要有全封、半封和轮封 3 种。①全封是指在封育期间禁止采伐、砍柴、放牧、割草和其他一切不利于植物生长繁育的人为活动。边远山区、江河上游、水库集水区、水土流失和风沙危害严重地区以及恢复植被较困难的宜封地一般实行全封。②半封是指在林木主要生长季节实施封禁，其他季节在严格保护目标树种幼苗、幼树的前提下，可有计划、有组织地进行砍柴、割草等活动。生长良好、林木覆盖率较大的宜封地一般采取半封。③轮封是指根据封育区的具体情况，将封育区划片分段，轮流实行全封或半封。有实际困难的区域可采取轮封。

针对库区、训练场、靶场周围劣质或低价值林分，主要进行次生林改造，目的是调整树种组成与林分结构，增大林分密度，提高林分的生物产量、质量和经济效益。林分改造一般以局部砍除下木和稀疏上层无培育前途的林木为主。在针阔叶混交林适生地带，尽可能把有条件的林分诱导为针阔叶混交林；被划为水源涵养林的次生林，禁止全面清除植被；在坡度平缓、水土流失轻微的地方，可适当考虑全面清除后实施人工造林。

次生林的林分改造必须严格掌握尺度，一般应根据国家有关标准确定，不应对有培育前途的林分进行改造。具体方法有：①全部伐除；②抚育采伐，插空造林；③带状改造；④封山育林，育改结合；⑤诱导培育针阔叶混交林。

对军事区域林木发育较好的林地采用近自然林恢复。近自然林恢复是充分利用森林生态系统内部的自然生长规律，采用符合森林生长发育要求的管理措施，使培育的森林在经济效益和生态效益上能有机结合的管理体系。军事区域实施近自然林恢复的目标是培育近自然林，即健康、稳定、能持续发挥多种效益、具有天然林特性的森林。因此，近自然林的恢复一般选用生长稳定、符合当地气候和土壤条件、经济价值高的乡土树种，将树种混交并保留林下适当的灌木与草本植物，维持生物多样性，保持立地的生产力。

（三）建立科学管护体制

应根据军事区域林木资源的权属、主要功能、规模等，建立相应的管护体制，主要有 4 种模式。一是军队集体管护模式。由林木资源权属单位抽调人员组成精干的管理机构，负责林木资源的管理、保护和经营工作。一般情况下，管护任务由部队战士、职工、家属等人承担。面积在 3 000 亩以下、规模较小的林木资源由部队指定专人负责。二是地方单位和家庭承包管护模式。对于军队中以生产木材为主的经营型林木资源，多数采用承包给地方有经营资质的公司、农民、牧民等方式进行管护和经营，由部队管理单位、部门做监督检查工作。三是军地联合管护模式。对于军队中大型、有重要生态价值和功能的林木资源，多采用军地联合管护模式，由军队和地方政府抽调业务力量共同组建管护队伍，分工负责林木资源管护工作。四是雇用驻地群众管护模式。由部队指定人员负责，雇用驻地群众，以林粮间作、以牧养林、分片管理、责任到人、军民合作、共同管护方式开展林木资源管护工作。

（四）建设业务精湛的管护队伍

一是部队设立资源管理机构，指定专人负责，组建护林队、扑火应急分队、扑火应急预备队等。二是建设护林站、瞭望塔、防火检查站，安装远程监控自动报警系统，建立无线通信联络系统，配置越野森林消防车、风力灭火机、割灌机、巡逻摩托车、消防服及灭火枪弹等管护器材。三是利用中国人民解放军绿化培训中心等平台，对护林人员、应急队伍人员开展岗位培训工作，提高林木资源管护工作能力。四是对护林人员和应急队伍人员定期组织防火扑火演练，提高队伍的应急能力。五是聘请军地相关专家组成林木资源管护专家委员会，通过专家咨询、专题讲座、现场查看等方式指导林木资源管护工作。

（五）建立联防联护机制

在林木资源管护上，军队积极协调驻地政府和有关单位，建立联防联护机制，充分利用地方信息资源、人力资源、技术资源等加强对军队林木资源的管理和保护，提高管理水平。主要做法包括：首先，与国家林业管理和科研专业机构建立协作关系，聘请有关专家解决林木栽植和管护方面的难题。其次，与当地政府建立病虫害、生物入侵等灾害通报制度，联合发布林木资源管理与保护公告，以加强对周边群众的教育。最后，与当地森林公安部门建立森林火灾协防机制，做到积极预防，确保遇到灾情能够有效扑救。

第三节　建设实例

一、某农副业基地退耕还林与林木资源管护工程

（一）基本情况

某农副业基地组建于 1972 年，位于宁夏回族自治区，处于毛乌素沙漠和腾格里沙漠交会地带，土地面积 5 000 余亩，其中耕地面积为 3 000 多亩。该地区地形东西宽、南北窄，地势南高北低，平原区平均海拔 1 100 m，山区海拔为 1 300～1 900 m。

（二）主要做法

一是科学制定建设规划。基地在充分调查和研究的基础上，结合当地生态环境的特点，确定了林粮间作、以牧养林、生态林与用材林一体化发展的建设方向，合理布局经济林和防护林。经济林主要布设在田间，以速生、干形通直、抗逆性强的杨树品种为主；防护林主要布设在沟、渠、路两侧和地头周边，选择适应性较强的乡土树种，设置 3 m 宽的混交防护林带。同时，对沟、渠、路、田建设进行了规划。历时 4 年，共修建田间引水渠、排水渠 5.9 万 m，排碱沟 2.8 万 m，土方量超过 30 万 m^3，修铺水泥板“U”形主干渠道 3.6 km，维修扩宽简易生产道路 6.5 km，建设道路桥涵 12 座、排水设施 50 个、灌溉闸口及排水设施 80 处。完善了水利基础设施，健全了排灌及交通体系。

二是适地选择良种壮苗。基地结合驻地气候、土壤条件，参照驻地林业部门的研究成果，选择了新疆杨、白蜡、刺槐、臭椿、沙枣等树种。在选购速生苗木时，主要选用 2 根 2 杆、胸径在 2 cm 以上、截杆高度为 3 m 左右、主根完好、侧根为 4～5 条、长度在 30 cm 左右且无病虫害和机械损伤的健壮苗木。

三是精心组织苗木抢种。该地每年适于植树造林的时间不足 20 天，引黄河水灌溉时间为 4 月中旬。如果早栽植，苗木易抽干，晚栽植则会影响苗木发芽成活。基地在植树季节，组织广大官兵加班加点地整治荒滩和荒地。白天植树造林，夜间引水灌溉。

四是对林木进行科学管理。基地实行林粮间作、以牧养林、分片管理、责任到人、军民合作、共同管护的林地管理模式，制定了《速生杨幼林抚育管理技术规程》《农副业基地林区防火预案》等文件，汇编了《杨柳树常见病虫害》学习资料，组织官兵学习和掌握林业管理技术的基本知识和规程；聘请驻地经验丰富的林业技术员为顾问，科学指导施肥、灌溉、修枝抹芽、松土除草、防治病虫害等一系列工作，确保林木资源的生长安全。

（三）主要效益

三荒造林前该基地林木覆盖率仅为 20%左右，水土流失比较严重，每年近 100 亩土地被冲毁，耕地面积逐年缩减，累计 600 亩耕地撂荒；土壤为盐碱性砂壤土，土壤有机质含量约为 0.7%，含盐量约为 0.23%，地下水位约为 1.5 m，土地沙化及盐碱化严重。该基地植被退化，杂草丛生，大多数地方寸草不生；农作物平均亩产量不足 150 kg，3 000 亩耕地年利润不足 10 万元；沙尘暴频现，每当起风时，黄沙漫天，能见度不足 10 m，被当地人称为“黄沙窝”；动物种类稀少，以田鼠为主，生物多样性差。

经过三荒造林和林木资源管护后，该基地 2 000 余亩沙化、盐碱化荒滩、荒地被改造成为育林良田，建成了经济林和生态林混合的 3.72 km^2 防护林区，共植树 33 万余株，育苗木 20 万余株，林木覆盖率超过了 91%，对减少水土流失、增强土地防风固沙能力、遏止周边地区沙尘暴天气起到了积极作用，沙尘暴天气骤减。夏秋季节，该基地遍布绿色植物，有速生杨、新疆杨、白蜡、刺槐、臭椿、沙枣等树木，还有白菜、萝卜、西红柿、黄瓜、大豆、苹果、杏、梨、桃、李子等蔬菜瓜果。此外，还种植了小麦、稻米、玉米等粮食作物，使昔日的荒滩、荒地变身绿色的海洋。如今，基地内羊、野兔、野鸡、野鸭、野鸽子、喜鹊、雁、白鹤成群，处处洋溢着生机和活力。经济林每年每亩纯收入可达 500～800 元，粮食作物每亩可产 600 kg 以上，“黄沙窝”变成了塞北的“黄金窝”，成为名副其实的“塞上江南”。防护林和经济林成活率高达 95%，长势良好，落叶覆盖层厚度年均超过 10 cm。每年秋冬季树木落叶后，用机械旋耕林地，将地表落叶和杂草反埋地下，既能预防林区火灾，又能有效控制土壤返盐，利于杀死病虫卵。此外，清除杂草、深埋根茬可以加强有机质分解和迟效养分的释放，改善土地盐碱化，使盐碱化土地变为肥沃良田。

二、某训练基地荒滩造林与封山育林工程

（一）基本情况

某训练基地组建于 2000 年，地处西北内陆的荒漠化戈壁区，占地面积 83 万亩。场区内的沟道多数自西向东延伸，沟道较浅且遍布砾石。场区内无河流，水资源较贫乏，特别是地表水资源极为缺乏，沟道常年无水，只在每年的暴雨后才有水，降水时间很短，且水位涨落急剧。该地区属于中温带半干旱气候区，全年干旱少雨，冬季严寒且持续时间长，夏季炎热、持续时间短，昼夜温差大，日照充足，无霜期较短，水分蒸

发强烈，气候干燥。

（二）主要做法

一是坚持有计划、有步骤地进行持续建设。该基地紧紧抓住全军开展三荒造林的有利时机，以国家和军队关于环保绿化工作的法规为依据，以防风治沙、改善基地及周边地区生态环境为目的，紧密结合西北荒漠戈壁地区的特点，坚持宜林则林、宜草则草、宜封则封原则，按照“立足现实、着眼长远，整体规划、分步实施，依靠科技、稳步发展”的思路，稳步推进三荒造林工作。多年来，共清理放牧点 190 余处、采矿点 19 处；新打绿化用深水井 9 眼，架设供电线路 4 500 m，埋设供水管道 2.37 万 m；完成人工造林 3 000 余亩，围栏封育 50 余万亩。

二是坚持“四字要诀”，即“种、种、水、管”。“种”，就是选好树种。针对当地干旱少雨、风沙较大、寒暑变化强烈的气候特点，主要选择抗风沙、耐干旱、抗盐碱、耐严寒的乡土树种。基地栽植的树种主要有刺槐、臭椿、火炬树、新疆杨、柳树、沙枣、柠条锦鸡儿、山毛桃、山杏等，全部为本土树种。“种”，就是种植的区域、规模和配置。基地结合当地的实际情况，实行科学种植。在区域选择上，主要选择立地条件较好、树木能够生长的区域种植；在规模选择上，紧密结合供水能力，宜大则大，宜小则小，不盲目追求大规模、大面积种植；在树种配置上，实行乔灌木混交、多树种混交，避免种植单一树种，防止大面积病虫害感染。“水”，就是以水为前提，选择有水的地方造林。多年来，基地坚持对场区进行大面积水文地质勘查，通过打深水井的办法，有效地解决了水源问题。“管”，就是要强化管护。基地建立了绿化目标管理责任制，逐级签订责任书，做到了栽植有人管、干旱有人浇、杂草有人除、病虫害有人防、缺苗有人补，保证了栽一片、活一片、绿一片。

三是把好“十个关口”，即配套设施关、林地整治关、挖坑关、换土关、苗木关、浇水关、栽植关、截干关、病虫害防治关、森林防火关。

四是坚持抓住“三个关键”，即当天起苗、当天栽植、当天浇水。

五是坚持“封”“禁”“育”相结合。“封”，就是沿场区边界设置全封闭式的铁丝网围栏，防止牲畜和无关人员、车辆进入，破坏地表植被。“禁”，就是对场区内的放牧点、采矿点进行清理。“育”，就是对植被恢复较好的地区实施重点抚育，尽量避开部队训练，使原生植被得到最大限度的恢复和保护。

六是坚持强化管理。基地成立了一支以在职职工为骨干，结合地方雇用人员的绿化队，对林区进行专职管护；每年定期聘请地方园林技术人员对绿化队人员进行培训，并将林区划分为 7 个看护点，分片承包，责任到人。

（三）主要效益

基地建立之初，营区周边及场区主要生长红砂、猫头刺、针茅、麻黄、刺旋花、酸枣、白刺、马兰、芨芨草、骆驼蓬、骆驼刺等植被，植物种类相对偏少，植被覆盖率仅为 5%～15%。如今，基地不仅有杨树、柳树、刺槐、臭椿、花棒、云杉、侧柏、樟子松等植物组成的防护林带，还有枣树、葡萄、苹果、梨树、金银花、桑树等组成的经果林区，共计 20 多个品种，50 余万棵。基地目前的植被综合覆盖率达 50%以上，灌木覆盖率达到 15%以上，构成了以荒漠草原植被、草原化荒漠植被和人工栽植植被为主的三大植被体系。

如今，营区周边绿树成荫、鸟语花香、空气温润，场区林草植被得到了逐步恢复，基本建立了稳定的植被群落，起到了防风固沙的作用，明显改善了基地周边的局部环境，初步建立起了一个功能完善、结构合理、效益显著的生态体系，实现了生态效益、社会效益和军事效益的有机统一与协调发展。

该基地于 2003 年和 2004 年连续两年被当地绿化委员会评为绿化先进单位和园林式单位，2005 年被评为三荒造林先进单位。

三、某训练基地高寒荒山造林与林木资源管护工程

（一）基本情况

某基地训练场的场区总面积约 243 km^2。该场区最低海拔 1 650 m，最高海拔 3 350 m，平均海拔 2 800 m，年降水量 1 300 mm，昼夜温差大。该场区冬季寒冷漫长，极端最低温度达−20℃。该场区山地多松散堆积层，秋季多雨，易发生滑坡、泥石流等地质灾害；冬季寒潮过境时山顶、山口地区常有短时大风和暴雪。

（二）主要做法

一是制定科学的规划。2003 年，基地会同地方林业勘察设计院，利

用近 2 个月的时间，深入场区进行调查研究，采取采样化验和走访群众等方式，较详细地掌握了该地区地形、土质、气象、植被等第一手资料，以科学的方式确定了适应该地区不同海拔生长的苗木品种。按照训练功能优先、场区绿化兼顾的原则，合理规划造林区域和造林任务。

二是科学育苗植树。根据当地自然气候环境反差大的特点，基地选择了“高育高植”“袋装苗”“裸根苗”混合并以“袋装苗”为主的育苗及栽种方式。根据不同的地域特点，选择不同的造林方式，以提高造林效益。在海拔 2 600 m 以下背风、潮湿地区，采取“开带点播”或栽种“裸根苗”的方式；在海拔 2 600 m 及以上、2 900 m 以下地区，采取栽种“袋装苗”的方式；在海拔 2 900 m 及以上地区，采用栽种“袋装苗”的方式，并加强补栽补种。在树苗品种的选择上，海拔 2 600 m 以下地区可选用华山松、日本落叶松等多个品种的树苗，其中，选择生长速度相对较快的华山松更易成林；海拔 2 600 m 及以上地区可选择高山松、冷云杉等能适应寒冷和干旱缺氧环境的树种。

三是严密组织实施。一方面，基地利用每年部队进场驻训的特点，采取向驻训部队提供造林人工补助和油料补助、配发植树造林工具的方式，协调驻训部队进行植树造林工作。另一方面，在当地县政府的协调和督促下，将场区周边造林任务交给民兵和当地群众完成。

四是建立军地联合管护机制。首先，组建管护队伍。管护人员一方面担负着道路维护和保养等工作，另一方面担负着禁垦、禁牧、禁伐等林木管护工作。其次，加强与地方林业部门的合作，充分依靠地方林业部门的规范化制度，建立森林防火、防治病虫害的联动机制，确保林木健康成长。再次，规范并固定部队驻训的宿营地。基地开展了对场区基础设施的改善工作，平整出了规范且固定的部队宿营点，修建了场区道路的排水沟等。要求部队在野外驻训时，必须以团、营为单位进入修建好的宿营点集中宿营，不得另辟新造林地搭建野营帐篷。如有违反，不仅自费补栽损毁的全部苗木，还要视情节轻重报请上级进行通报批评。最后，将战场动态监控系统和林木管护远程监控系统实施共享。依托同一条传输电缆，将信号源切换成操作控制云后台，基地战场动态监控系统转变为林木管护远程监控系统。

（三）主要成果

（1）场区内林草成活率高，覆盖率高。三荒造林前，训练场区满目疮痍、四面红土。如今，放眼四望皆青绿，造林成活率达 85%以上，林木覆盖率达 70%，场区植被恢复良好。

（2）国家级保护动物频现。随着三荒造林工程的有序推进，锦鸡、娃娃鱼等国家保护动物已在场区内扎根，小河沟里鱼类数量繁多，各种鸟类随处可见，偶尔还有野猪出没。

（3）珍稀植物和药材为场区增值。冬虫夏草、天麻、党参、当归等珍稀药材在场区皆可寻得。杜鹃开遍山野，蕨根菜等天然食材遍布整个场区，为当地百姓改善生活提供了天然保障。

（4）落叶覆盖层达标，有效防止水土流失。三荒造林前滑坡、泥石流现象频现，水土流失严重。如今，落叶覆盖层厚度可达 10 cm 以上，水土流失得到了有效控制。

（5）气候变化趋稳，冰雪灾害减少。气候明显改善，往年气候骤变的现象如今几乎不再出现。造林初期，每年夏天都会出现冰雹灾害，冬季出现冻雨或冰雪灾害。近年来，随着林木的成长和繁殖，上午太阳下午雨等多变天气和极端气候明显减少。特别是往年进入 10 月气温必会陡然下降，如今临近 12 月，高原上仍是阳光明媚，气温较往年偏高。

四、某靶场荒滩造林与林木资源管护工程

（一）基本情况

某靶场位于××省××县的黄羊滩。该滩是永定河上游特大沙滩之一，是京包线西行第一个大面积沙化区，总面积约 100 km^2。黄羊滩自然条件极为恶劣，冬春季严寒、干燥、多大风，年平均降水量 350～400 mm，年平均蒸发量 2 000 mm，5 级以上大风日数约 46 天。黄羊滩大多为荒坡荒滩，水土流失严重，土地沙化蔓延，有“天上无飞鸟，地上不长草”的说法。该滩年水土流失量达 65 万 t，当风力大于 4 级时，方圆 100 km 经常出现大范围扬尘甚至沙尘暴，严重影响部队训练和当地人民群众的生产和生活。

（二）主要做法

该靶场按照全面管护、依法治林，积极预防、科学扑救的基本思路，

逐步建立健全管护体系。

一是健全机构，落实制度。成立森林防火指挥部，实行主官领导负责制，由该场主任担任指挥长。明确职责，严格制度，制定《黄羊滩森林管护方案》《黄羊滩护林防火规定》《黄羊滩森林扑火预案》，健全森林防火值班制度、火源管理制度，形成了领导负责、部门齐抓共管的良好局面，使林木管护、森林防火工作得到了有效落实。

二是打牢基础，提升能力。结合管护实际，组建了护林队、扑火应急分队、扑火预备队，定期组织培训和防火扑火演练。在场区周边建立了护林站 6 个，设防火检查站 2 处，建设林区瞭望塔 1 座，以上设施主要用来巡护检查、观察瞭望和在主要路段设卡。在瞭望塔和指挥楼安装了森林防火热成像电视监控自动报警系统，实现了对林区的全天候监控，及时、准确地发现并报知林区火情。建立了无线通信联络系统，保证防火指挥部、绿化办与各护林站的联络随时畅通。购置了越野森林消防车、风力灭火机、割灌机、巡逻摩托车、消防服、灭火枪、灭火弹等管护和灭火器材，使林区管护能力得到了显著提高。加强了防火通道和防火隔离带建设，保障林区道路畅通。

三是训练管护，协调发展。黄羊滩每年承担的驻训任务给林木资源管护工作造成了很大困难。针对这种情况，场区努力把不利因素变为有利因素，在加强爱林护林教育的同时，积极协调驻训部队参与植树造林和森林防火工作，制定了《实弹射击安全规定》，要求实弹射击单位必须组建防火预备队，经检查符合要求后方可进行实弹射击。

四是军地合作，军警联防。该靶场与专业机构建立了协作关系，聘请有关专家担任顾问和技术指导，解决林木栽植和管护方面的难题。与当地县政府联合发布了《黄羊滩封山育林公告》，与县林业局建立了病虫害通报制度，与县森林公安局建立了森林火灾协防机制，做到了积极预防，遇到灾情能够有效扑救。县森林公安局在黄羊滩专门设立了警务站，派驻公安森警值班，对黄羊滩森林防火起到了积极作用。靶场经常组织军地联合扑火演练，特别加强了重要祭祀日（如春节、清明节、端午节等）管理，对上坟烧纸行为进行严格控制，做到坟头有人蹲守，发生火情时做到及时发现、迅速出动、有效扑救。

五是搞好宣传，提高绿化意识。依据《中华人民共和国森林法》和军队林木管护规章，编制了《黄羊滩护林防火宣传手册》并发放到广大官兵和周围村民手中，在黄羊滩重点区域建立永久性的大小宣传标语牌300多个。每年4月开展以“保护林木资源，杜绝森林火灾，建设美好家园”为主题的宣传月活动。通过宣传教育，增强了广大驻训官兵和周边村民的绿化意识和防火意识，有效地杜绝了火灾的发生，保障了黄羊滩林木资源的安全。

（三）主要效益

经过广大官兵多年的建设，黄羊滩已植树造林9万余亩、700余万株，主要树种有侧柏、桧柏、榆树、松树、沙枣、杏树、柠条锦鸡儿等；治沙种草2.5万亩，主要有沙打旺、沙蒿等，林木覆盖率由0.8%提高到了75%，林草覆盖率由28%提高到了95%。野生动物也逐渐增多，主要有野兔、山鸡、獾、狼、狐狸等，春季时还有天鹅、野鸭等觅食、栖息。黄羊滩土地沙化和水土流失得到了有效控制，95%以上的沙化土地得到了治理，就地起风沙的现象得到了有效遏制，每年减少水库的入库泥沙量约50万t，对净化空气和水源、延长水库寿命起到了积极作用。在滩地训练区基本建立了绿色林网，有效保护了军事设施。场区内交通顺畅，地形地貌稳定，部队训练环境得到了改善。

在社会效益方面，一是有利于提高森林防火的综合能力，减少森林火灾对军事设施和人民生命、财产的威胁；二是有利于部队把更多的精力投入到正常工作中；三是有利于加深对生态资源保护重要意义的认识，营造保护森林资源、改善生态环境、维护生态平衡的良好氛围。

在经济效益方面，一是减少了火灾损失。系统建成前，根据林区实际情况，以每次损失林木面积30亩、每亩1万元算，林木资源直接经济损失达30万元，每年发生或大或小的火灾2～3次，因此每年林木资源直接经济损失达60万～90万元，导致的生态效益损失无法估算。系统建成后，每年至少避免1次火灾，减少损失30万元，5年累计减少损失150万元。二是减少了护林开支，基地护林队每年的护林费为22.68万元，系统建成后，总的护林费仅需4.64万元，每年节省开支约18万元。

第六章 军事区域荒漠化防治与草原保护

以自然植被破坏及其带来的土地加速退化为表现的荒漠化和草原退化，是全球生态环境日益恶化的重要原因。军事区域荒漠化防治与草原保护是改善官兵生活条件、促进地区经济可持续发展的必然途径，也是改善生态、保障生态安全的重大举措。几十年来，军队各级单位结合自身的特点、要求及工作情况，积极探索并采取了一系列措施，使军事区域的土地荒漠化、沙化得到了有效遏制。

第一节 荒漠化防治

一、概述

（一）目的及意义

荒漠化是指包括气候变化和人类活动在内的各种因素造成的干旱地区、半干旱地区和半湿润地区的土地退化。荒漠化防治是指干旱地区、半干旱地区和半湿润地区为持续发展而进行的土地综合开发活动，主要目的有 3 个：①防止土地退化；②恢复部分退化土地；③复垦已荒漠化的土地。我国荒漠化形势十分严峻，根据《联合国防治荒漠化公约》规定的指标，我国可能发生荒漠化的地理范围，即干旱地区、半干旱地区及半湿润地区的总面积为 331.7 万 km^2，在该范围内实际已发生荒漠化的面积为 262.37 万 km^2，占该地区面积的 79.1%，近 4 亿人受到荒漠化的影响。

以主导成因划分，军事区域荒漠化可分为风蚀荒漠化、水蚀荒漠化、冻融荒漠化、盐渍荒漠化和其他原因引起的荒漠化。荒漠化是一项在自然和人为双重因素影响下发生的复合性灾害，它摧毁的是人类赖以生存的生态环境，其带来的危害主要表现在土地退化、生物群落退化、气候变化、水文状况恶化以及毁坏生活设施和建设工程等。多年来，日益严重的荒漠化问题在不同程度上影响着军队的战斗力，尤其是对驻地处于荒漠化地区的部队危害更甚，成为限制当地部队高效履行军事使命的重要障碍。荒漠化使得部队训练、机动都受到空间和时间的限制，极大地阻碍了农业生产，给官兵的生活带来了不可避免的困扰；同时，大面积土地退化现象也在一定程度上威胁到官兵的身心健康，使官兵产生负面情绪。因此，加大力度做好军事区域荒漠化防治意义重大。军事区域荒漠化防治既是保护耕地、提高土地质量的重要基础，又是改善官兵生产和生活条件、促进地区经济可持续发展的必然途径；既是改善生态环境、保障生态安全的重大举措，又是增进民族团结、维护边疆稳定、拓展中华民族生存和发展空间的战略选择；既是军队落实生态文明建设的自觉行动，又是在复杂环境条件下提高部队战斗力、实现强军梦的迫切需要。

（二）防治要求

根据《中华人民共和国防沙治沙法》《中华人民共和国森林法》《中华人民共和国草原法》《中国人民解放军环境保护条例》等的要求，军事区域荒漠化防治必须做到：一是强化植被保护。充分发挥生态系统的自我修复功能，依法推进沙化土地封禁保护区建设，促进植被的自然修复。二是推进工程治理。深入推进荒漠化防治重点工程建设，进一步完善工程布局，加大治理力度。坚持因地制宜、因害设防、适地适树、乔灌草相结合，大力开展林草植被建设，努力增加荒漠化地区植被覆盖率。三是严格落实责任。认真落实荒漠化防治工程负责制，推动防治单位治理责任制。认真实施荒漠化防治目标责任考核办法，并根据考核结果严格奖惩。四是依靠科技进步。推广适用的技术和模式，加强技术示范和培训，增加科技含量，提高建设质量。五是搞好预警监测。加强监测工作的基础设施建设，建立健全荒漠化监测预警体系，对荒漠化土地的动态变化进行适时跟踪，为荒漠化防治提供科学依据。六是加强部门协作。落实责任、密切配合、齐抓共管，共同做好荒漠化防治工作。

（三）防治特点

军事区域荒漠化防治有其自身的特点，主要包括：一是效益多样。军事区域荒漠化防治的根本任务是确保环境安全、保障官兵身心健康、提高部队战斗力，必须与部队全面建设相协调、与国家环境保护目标相一致，实现环境效益与军事效益的统一。二是优势明显。军队具有组织严密的结构体系、令行禁止的纪律意识、吃苦耐劳的优良传统及敢打必胜的战斗作风，能够在荒漠化防治工作中集中人力、财力、物力，办大事、办实事。三是关注度高。作为一股特殊的公众力量，军队的一举一动都会成为社会舆论的焦点。努力开展军事区域荒漠化防治，是充分展示军队“威武之师、文明之师”良好形象的有效途径。四是保密性强。军事区域的荒漠化防治工作涉及保密问题，特殊的任务要求使得军事单位的防治工作在一定程度上依赖于自我保障。五是资源有限。军队从事环境保护的专业人员较少，经费有限，必须更为合理地配置资源，高效地开展军事区域荒漠化防治工作。

（四）主要成效

几十年来，在党中央、国务院、中央军委的领导下，军队各级单位采取了有效措施，真抓实干、密切配合，官兵广泛参与、艰苦奋斗，持之以恒地开展军事区域荒漠化防治工作，土地荒漠化、沙化得到了有效遏制。一是落实了植被保护。各单位认真贯彻执行《中华人民共和国防沙治沙法》《中华人民共和国森林法》《中华人民共和国草原法》《中国人民解放军环境保护条例》等，普遍推行了禁止滥放牧、禁止滥开垦、禁止滥樵采的“三禁”措施，有效地保护了林草植被。二是强化了工程治理。“十一五”和“十二五”期间，军队相继参与了京津风沙源治理、“三北”防护林和天然林保护、草原建设与保护、水土保持等一系列与荒漠化防治相关的重点生态建设工程，为实现土地荒漠化持续好转奠定了重要基础。三是活化了防治机制。将植被建设、工程防治等技术手段与监测、预警、宣传、监督等管理手段有机结合，极大地提升了军事区域荒漠化防治工作的全面性，激发了广大官兵积极主动投入荒漠化防治的热情。四是树立了榜样典型。荒漠化地区涌现出一大批防治先进单位和带头人，他们的行为和精神带动了广大官兵，为军事区域荒漠化防治做出了积极贡献。

二、主要做法

（一）因地制宜，利用现有植被建设技术

由于各种原因造成植被的严重破坏或彻底消失，是土地荒漠化最明显的表现，而植被的长期破坏、退化与丧失，正是造成土地荒漠化最直接的原因。因此，通过人工措施保护、恢复、改造、建设植被成为防治土地荒漠化最有效、最经济、最持久、最稳定的措施。军事区域最为常用的荒漠化防治手段主要包括：①封沙育林育草、恢复天然植被；②飞机播种造林、种草固沙；③播种、扦插与植苗造林种草。

封育恢复植被是成效显著、成本最低的措施，几年内即可使流沙达到固定、半固定状态。东北沙区和西北干旱区的重点封育植被有沙地樟子松、梭梭、胡杨、柽柳等。飞机播种造林、种草固沙是治理风蚀荒漠化土地的重要措施，也是绿化荒山、荒坡的有效手段，具有速度快、用工少、效果好等特点，尤其对地广人稀、交通不便的荒沙和荒山地区植被恢复意义重大。通过植物播种、扦插、植苗造林种草固定流沙是军事区域荒漠化防治最基本的措施。直播是以种子为材料，直接播于沙地建立植被的方法。军队在直播时常用的种子有花棒、杨柴、沙蒿、沙拐枣、梭梭等。植苗是以苗木为材料进行植被建设的方法。扦插是利用营养器官（根、茎、枝等）繁殖新个体以实现造林固沙的方法，其优点是方法简单、便于推广、生长迅速、固沙作用大，就地取条、干，不必培育苗木。军事区域扦插造林固沙的主要树种是杨柳、黄柳、沙柳、柽柳、花棒、杨柴等。

（二）深入挖掘，组合配套成熟的防治技术

在多年的荒漠化防治实践中，军队深入探索系列荒漠化防治的工程技术，针对不同的地区和情况，形成了配套的工程防治技术，为军事区域荒漠化防治工作的开展提供了有力的技术保障。

在风蚀荒漠化区域，主要采用机械沙障和植物治沙相结合的技术。机械沙障固沙是采用柴、草、树枝、黏土、卵石、板条等材料，在沙面上设置各种形式的障碍物，以此控制风沙流动的方向、速度、结构，改变蚀积状况，达到防风阻沙、改变风的作用力及地貌状况等目的。在自然条件恶劣的地区，机械沙障固沙是我军植物治沙的主要措施；在自然条件较好的地区，机械沙障固沙也是植物治沙的前提和必要条件。

在水蚀荒漠化区域，主要采取水土保持工程措施，根据兴修目的及应用条件又可分为山坡防护工程、山沟治理工程、山洪排导工程、小型蓄水用水工程 4 种类型。山坡防护工程的作用在于用改变小地形的方法防止水土流失，将雨水及融雪水就地拦蓄在坡面，并加以利用，增加作物、牧草及林地可利用的土壤水分，同时将未能就地拦蓄的坡地径流引入小型蓄水工程。山坡防护工程的措施有斜坡固定工程、水窖（旱井）、蓄水池、梯田、水平沟、水平阶、拦水沟埂等。山沟治理工程的作用在于防止沟头前进、沟床下切、沟岸扩张，减缓沟床纵坡，调节洪峰流量，减少山洪或泥石流的固体物质含量，使山洪安全排泄，避免造成沟口灾害。山沟治理工程的措施有沟头防护工程、谷坊工程、拦沙坝、淤地坝及沟道护岸工程等。山洪排导工程的作用在于防止山洪或泥石流造成重大危害和损失，其措施有排洪沟、沉沙场、导流堤等。小型蓄水用水工程的作用在于将坡地径流及地下潜流拦蓄起来，减轻水土流失的危害，采用先进的灌水技术，提高用水率和作物产量。小型蓄水用水工程包括小水库、蓄水塘坝、淤滩造田、引洪漫地、引水上山、节水灌溉等。

盐渍荒漠化区域常采用排水防治、冲洗改良和灌溉淋盐相结合的方法防治土壤盐渍化。排水措施可起到排水排盐、控制地下水位及调节土壤和地下水水盐动态的作用，一般可分为水平排水及垂直排水两大类。冲洗改良是为了改良盐碱地而大量灌水，以淋洗土壤中过多盐分的方法，土壤根系活动层中的盐分减少到一般植物能正常生长的程度时，即可开始种植植物，尤其是在人少地多、盐碱荒地大面积分布的军事地区，开垦盐碱地时先要进行排水冲洗，以消除土壤中过多的盐分，才能进行利用。冲洗盐碱地要具备两个基本条件：首先，要具有充足的淡水资源；其次，要有良好的排水系统和通畅的出路。在盐渍荒漠化地区，由于蒸发量大于降水量，土壤中所含的盐分不能被充分淋溶，即使是经过冲洗改良的盐碱地，土壤的潜水中仍含有较多的盐分。这时必须采用以灌溉淋盐为主的方法，即为了保证植物的正常生长，一般不需要专门的冲洗，只需灌溉时在原有植物需水量的灌溉定额下，适当增加一部分灌溉水量，使这部分水量通过土层下渗，淋洗土壤盐分，达到降低盐分的目的。

（三）健全网络，加强技术推广

近年来，军事区域荒漠化防治取得了大量成果，这些成果在一些典型部队得到了应用，形成了一系列成熟的模式。各级部门通过建立和健全推广网络，强化技术推广，将所形成的模式在全军单位和地方普及，使防治成果转化为更加普遍的现实战斗力，使军事区域荒漠化防治工作走上科学化的轨道。

（四）应用先进技术，提高科技成果转化率

在传统防治技术的基础上，军队还采用了包括卫星遥感的各种现代高新科技方法和手段。在防治荒漠化工程总体规划和设计中，一方面依托地方科技力量，严格规定防治荒漠化工程中的科技含量和科技成果应用的项目，并定期加以严格检查验收，达不到要求的工程立即停止实施；另一方面邀请科研人员深入荒漠化防治工作一线，发现和解决防治工作中的问题，对防治中出现的重大问题及时研究，并把研究成果应用于防治实践。

（五）依靠科技，建立生态可持续发展体系

从自然条件来看，荒漠化区域远比我国其他地区恶劣，但这些区域往往蕴藏着相对丰富的自然资源，具有一定的开发利用潜力。合理开发、适度利用这些资源，可以促进荒漠化地区军事区域生态可持续发展体系的形成，从而使得荒漠化地区的军事单位走出生态困境、改善生活水平。具体来讲，一是合理开发荒漠化地区土地资源的生产潜力。目前军事区域荒漠化土地的利用方向主要是尚未退化和轻度退化的土地，从开发这些土地的生产潜力入手，优化土地利用格局，充分利用荒漠化地区其他自然资源的优势，依靠科学技术，提高单位土地的生产力，而对那些荒漠化较为严重的土地则采取适当的保护措施，恢复原有的生态平衡。二是提高荒漠化地区水资源的利用效率。军事驻地大力推行水资源高效利用技术，采用渠道防渗技术和低压管道输水技术，减少水资源输送中的损失，在生态用水方面则采用喷灌、滴灌、管灌、膜孔灌等节水灌溉技术。对较为贫瘠、持水和保水能力较差的土地，通过地膜覆盖、土壤改良等技术提高其持水、保水能力。三是充分利用荒漠化地区丰富的太阳能、风能资源，改变能源结构。风能、太阳能是很多军事区域最丰富的可再生能源，有很好的开发前景。目前，许多荒漠化地区的军事区域已将太阳能作为一种新的可替代能源加以广泛利用。主要利用方式包括太阳能制冷、太阳能发电以及建设太阳能温室生产反季节蔬菜、瓜果等。地处草原、戈壁的很多军事单位都已开发并使用了风能。

（六）强化预警能力，确立管理目标责任制

加强基础设施建设监测，改进监测技术和方法，建立完善的荒漠化和沙化监测预警体系，对荒漠化和沙化动态变化进行适时的跟踪监测。加强重大沙尘暴监测，逐步提高军事区域灾害监测预警水平。

荒漠化地区的各类军事单位成立了荒漠化防治领导小组，明确了各级的主要职责，建立健全领导任期目标责任制，把荒漠化防治工作落在了各级主官的肩上，并建立了自己的示范区（点），通过身体力行，带动和促进荒漠化防治工作的全面和深入开展。

（七）防治结合，加强宣传和监管力度

充分预防、防治结合是荒漠化防治的要点。根据我国防沙治沙的相关法律法规和军队荒漠化防治的规定，荒漠化地区的军事单位应积极配合地方政府加大宣传和推广力度，向驻地官兵和百姓普及荒漠化防治知识，充分调动荒漠化防治的积极性，以实现军民携手共同防治荒漠化的局面；此外，还应加强军事区域生态环境的监督和管理，将军事活动对土地的影响降到最低。

三、建设实例

（一）某训练基地荒漠化防治工程

1．基地概况

基地位于××自治区，总面积 1 066 km^2。基地所在区域是古湖盆上升而成的层次剥蚀高平原，海拔 900～1 400 m，地势较为平坦，其间有大小不等的古湖泊及古河道遗迹，表层大部分以中生代的红色砂岩、泥岩和砂砾岩为基底，上面覆有残积物和风积物。基地所在区域的西北角有一片剥蚀丘陵，由古老的变质岩和火成岩组成，在强烈的剥蚀作用下，岩石裸露，同时由于西北风的搬运作用，沿其东南缘形成了一条顺风而下的沙地。基地的主要植物有短花针茅、狭叶锦鸡儿、银灰旋花、沙生针茅、沙葱等。基地的荒漠化类型以风蚀荒漠化为主，主要形成原因：一是近年来基地的军事地位提升，军事训练和演习日益频繁，进驻基地的人员增多，各种装备运行密集，车辆肆意碾压草场，导致基地的每一寸土地都有部队训练和演习留下的痕迹，使得基地原本脆弱的生态系统被破坏得更加严重；二是基地场区牧民过度饲养牛羊等牲畜，致使草原面积因过度放牧而严重缩小。

2．主要做法

基地的主要做法包括以下几个方面。

一是坚持以科技为先导，充分发挥科技成果在绿化造林中的支撑作用。受季节影响，基地的造林期短，最佳造林期在春季的 4 月。为争时间、抢进度，提高苗木成活率，基地积极引进相关技术，依据各种苗木的生理特性，采取浸泡、蘸浆和喷施等方法，保障树木尽早生根发芽。为解决树木灌溉后水分上蒸下漏、土壤保墒性差的问题，基地积极引进抗旱保水新技术，通过坑下埋设保水剂和坑上加膜覆土的方法，尽量减少树坑内水分蒸发，保障树木能吸收充足的水分，以进一步延长浇树周期，提高苗木成活率。为解决树木带叶移植不易成活的问题，基地通过喷施抗蒸腾剂等综合处理方法，减少树木水分蒸发，从而延长造林时间，以达到树木整体移植的效果。

二是坚持多种举措并举，充分发挥配套设施的保障作用。为巩固绿化成果，基地先后投资 300 万元，在场区附近打了 4 眼绿化灌溉专用机井，架设高压线路 12 km，安装变频增压设施 4 套，铺设绿化管线 19 800 m。2011 年基地先后投资 570 万元用于滴灌建设，彻底解决了林木缺水的问题，使林木灌溉周期缩短一半。

三是坚持军地联合，加强林木资源管护工作。基地根据工作计划和安排，协同地方政府将基地 823 户牧民全部搬出，并对基地进行全面围封，实行轮班轮岗制，对围封情况定期巡查，严禁人畜破坏，同时防止火灾、虫害及杂草入侵，给植物以繁衍生息的时间和空间，从而加强自然更新，逐步恢复天然植被。

3．主要成效

2004 年至今，基地共治理草场 55 万亩，种植灌木 4 500 亩，极大地改善了基地的生态环境，对基地产生了极大的促进作用。

（1）丰富了基地的物种多样性，使基地环境更加适宜，对基地外的环境起到了很好的促进作用。

（2）通过近几年的绿化，有效地控制了基地土地荒漠化，改良了基地原本沙化的土地，同时起到了一定的防风固沙作用，沙尘暴天气逐年减少，改善了基地的生态环境条件。

（3）通过对基地进行绿化，增加了基地的经济效益，为基地的长远发展打下了坚实的基础。

（二）开封荒漠化防治工程

1．基本概况

开封市地势平坦，土地荒漠化的主要特征为沙化。沙化土地主要是历史上黄河开封段多次决口、改道和风力搬运所致，面积为 227.46 万亩，分布于黄河泛滥地带和黄河故道的历次决口处。沙化土地土质疏松，养分贫瘠，栽树不活，种粮不收，一直是当地农民生活贫困的根源和造成开封市沙尘暴天气的主要原因，严重影响开封市生态环境建设和旅游业的发展，也对驻地部队正常的训练、工作、生活造成了严重影响。以驻地空军某部为例，部队的跳伞训练场就建在沙化土地上，沙尘肆虐时，飞沙弥漫，尘土滚滚，视距有限，给部队正常训练带来严重的安全隐患。

2．主要做法

（1）军地联合，科学规划。为找到防沙治沙的有效措施，避免以往年年治沙、年年反复的问题，当地驻军与驻地林业、水利、土地、环保等部门沟通协调，多次到现场勘察论证，从治理面积、林网规划、河流分布、涵闸设置等方面精心测算，请环保专家帮助规划设计，制定了田、林、路、河、沟、渠、岗、井、桥、闸十措并举、综合整治的总方针，提出了“三结合、三统一”的治理思路。“三结合”即栽种乔木和灌丛与种植花草结合、沙地绿化与道路硬化结合、注重生态效益与社会效益和经济效益结合，推进乡镇、村落整体荒漠化防治和美化；“三统一”即各驻汴部队统一区分任务、统一治理标准、统一检查验收，确保整齐划一。从沙化最严重的西部沙地开始，年治沙荒 3 万～5 万亩，分片包治，逐年延伸，10 年内基本整治完毕。

（2）从难入手，治沙治荒。造成沙荒的根源是缺水，水引不来、保持不住的原因是此地沙丘起伏，高低不平，没有通畅的河渠，这是治沙治荒的要害，也是难点。该军分区首先对准难点，投入人力、机械，推平大沙丘 70 座，开挖沟渠 610 条，修路 364 条，总长度达 956 km，完成工程土方量 406 万 m^3，植树 500 多万株，新增有效灌溉面积 10 万余亩。达到了大地平整、道路畅通，旱能浇、涝能排。

（3）从长计议，综合治理。该军分区注重改善生态环境，实施了林网网格控制沙地农田、道路拓宽垫高、整修河渠增强排灌功能的治理措施，使田、林、路、河、沟、渠、井、桥、闸等系统配套，形成了田成方、林成网、沟相连、路路通、旱能浇、涝能排的格局。综合治理后，每亩土地每年增收 360 元，总计每年可增加收益 540 万元。

（4）从优定位，发展高效。该军分区不但帮助群众治沙，还引导他们注重发展高效农业，尽快踏上致富路。该军分区边治理、边宣传和引导，帮助当地群众种植经济林，发展生态农业和观光林业，运用地膜覆盖技术增产增效。共帮建育林基地 6 个、苗圃 52 个、观光林风景点 2 个。发展高效农业的帮建措施不仅有效地治理了土地荒漠化，也使当地群众走上了致富路，改变了传统的耕作观念，吸引了市委、市政府对该区域的进一步关注，加大了开发力度。

3．主要成效

（1）科技效益。在防沙治沙实践中，军队探索出了多种切实有效的防沙治沙技术措施：一是翻淤压沙，给沙丘“贴膏药”。二是引水拉沙造田，对低平沙丘进行平整造田。三是“四面围攻，中间封顶”，对面积较小的沙丘采取全面造林的方法进行封闭，对面积较大的沙丘采用先在周围造林，阻止沙丘移动，然后再逐年造林进行封顶的措施。四是建设窄林带小网格防护林网，对平沙地营造 100～200 亩的小网格，大搞防护林网建设，改善农田小气候。五是多树种农林间作，探索成功了农杨间作、农枣间作、农果间作等不同的农林间作模式，不仅起到了治理风沙的作用，而且提高了经济效益。

（2）生态效益。截至目前，流动和半流动沙地面积比 2005 年减少 7 万亩，区域农田林网控制率达到 91%，生态廊道绿化率达到 95%，宜林沙荒绿化率达到 100%。防沙治沙综合工程改善了人居环境，全市的空气质量优良天数由 2006 年的 270 天提高到 2011 年的 335 天，提高了 24%。

（3）社会效益。当地群众称这项荒漠化防治工程为军民连心工程、富民工程，并专门立碑永久纪念。该工程被原河南省林业厅评为“林业精品工程”，受到全国绿化委员会、原国土资源部和济南、河南两级军区领导的高度评价，中央和省、市多家新闻媒体对治沙工程进行了全面报道。尉氏县、兰考县、通许县成功创建省林业生态县，平原绿化、防沙治沙、外资造林、木材加工等工作跨入了全国先进行列。

（4）经济效益。该项荒漠化防治工程还取得了可观的经济效益，仅木材一项一年可增收 3 000 余万元，再加上农业、畜牧业等增收，年可增加直接收入 1 亿多元，真正把沙区变成了当地群众的“绿色银行”，使 6 个乡的近 10 万群众年收入由治理前的 500 余元增加到了 3 200 元，人民群众的生活水平逐年提高。防护林对农田的屏障作用得到了体现，根据科学观测，全市每年增产粮食 1 亿斤以上。

（5）军事效益。十余载的防沙治沙工作，不但锤炼了部队解决、处置、胜任、遂行重大任务的能力，而且进一步增强了军政军民关系，在人民群众中树立了“人民军队爱人民”“人民军队善打硬仗”的良好形象。

（三）关岭布依族苗族自治县荒漠化防治工程

1．基本情况

某部队位于关岭布依族苗族自治县，该县境内地形高低起伏大，类型复杂多样，碳酸盐岩分布广泛，属典型的喀斯特地貌区。由于各种自然和人为因素的作用，该自治县石漠化面积日趋扩大，石漠化与生态环境和社会可持续发展之间的矛盾越来越突出。目前，该自治县石漠化面积为 626 km^2，占全县总面积的 42.64%，其中轻度石漠化面积为 382 km^2，中度石漠化面积为 155 km^2，强度石漠化面积为 89 km^2，遍及全县各乡镇，因此关岭布依族苗族自治县是贵州省石漠化最严重的县之一。石漠化对关岭布依族苗族自治县的主要影响有以下几个方面：一是水土流失面积扩大，耕地资源减少，土层变薄，土壤肥力下降，严重威胁粮食安全。二是河道、沟渠、水库、山塘淤积，河床抬高，蓄水、行洪能力降低，水利设施被破坏。三是水灾、旱灾、冰雹、泥石流等自然灾害频繁，给人民生命财产造成重大损失。四是水源枯竭，工程性缺水严重，人畜饮水困难，入冬以后河水干涸断流。

2．主要做法

一是科学论证，充分准备，为完成任务创造条件。该部队为高标准完成任务，举办了造林技术培训班，培训了一批技术骨干；与当地林业局专家一道勘察植树现场，走遍了规划内的所有地方；抓好保障准备，挤出 5 万多元购买了专业工具；针对山高坡陡、道路复杂的实际情况，及时检查车辆，确保车况良好。

二是精心组织，攻克难关，确保造林质量。参加过培训的骨干全部被分派到各营连，驻乡包片进行组织指挥，负责技术指导和质量监督。为强化各类人员的工作责任心，从团到排逐级签订责任书。针对喀斯特地区造林难以成活的实际情况，围绕确保成活率进行攻关。造林活动展开前，该部队多次会同林业部门，对如何栽、怎样种才能成活进行研究，探索可行方法。

三是抓住时机，注重结合，努力谋求多重效益。作为军事机关，该部队考虑多重效益，通过成建制组织官兵参加植树造林来练兵强兵，密切军政军民关系。把参与植树同练兵强兵结合起来，把参与植树同密切军政军民关系结合起来，把参与植树同扶贫帮困结合起来。

3．主要成效

2001 年以来，经过艰苦奋战，该部队共完成造林面积 21 万亩，其中完成花椒、椿树、梨树、槐树、杉树、榆树等树苗种植 1 500 多万株、20 多个品种，成活率 90%以上。完成了大岩排洪道水利工程、花江大峡谷法郎小流域生态环境综合治理工程、永宁镇凹子田小流域治理工程及花江小流域治理工程，共植树 4 万余亩，修建水窖 200 个、沼气池 500 口，提高了农业生产能力。为使群众尽快摆脱贫困，该部队充分利用民兵训练等时机举办农业实用技术培训班，推广农科知识。该部队组织民兵带头在关索镇、断桥镇、上关镇建起早蔬、水果等脱贫致富示范基地，发动民兵建成 500 亩家畜食用皇竹草示范基地，带动了当地畜牧业的发展。

通过军民共建生态环境，该部队既为关岭布依族苗族自治县培养了一支荒漠化防治专业队伍，又锻炼了民兵组织，达到了用兵、练兵、强兵的目的，在防治荒漠化、提高生产力的同时增强了战斗力，取得了良好的生态效益、经济效益、社会效益和军事效益。2002 年 3 月 26 日，该部队被评为全军绿化先进单位。

第二节 草原保护

一、概述

草原是指天然草原和人工草地。天然草原是草本和木本饲用植物与其所着生的土地构成的具有多种功能的自然综合体。人工草地是指选择适宜的草种，通过人工措施而建植或改良的草地。草原保护就是利用多种手段对草原资源进行保护的过程，属于荒漠化防治的范畴。

草原与耕地、森林、海洋等自然资源一样，是我国重要的战略资源。我国是草原资源大国，天然草原面积近 4 亿 hm^2，大约是耕地面积的 3.2 倍，仅次于澳大利亚，居世界第二位，但人均占有草原面积只有 0.33 hm^2，仅为世界平均水平的一半。草原是我国面积最大的绿色生态屏障，与森林一起构成了我国陆地生态系统的主体。草原也是畜牧业发展的重要物质基础和牧区农牧民赖以生存的基本生产资料。我国草原分布广泛，遍布各个省（区、市），以北部、西部地区居多，西藏、内蒙古、新疆、青海、四川和甘肃 6 省（自治区）是我国的牧区，草原面积占全国草原总面积的 75.1%。目前，我国 90%的可利用天然草原都呈现出不同程度的退化，草原过度放牧的趋势没有从根本上改变，乱采滥挖等破坏草原的现象时有发生，荒漠化面积不断增加。草原生态环境持续恶化，不仅制约着草原畜牧业的发展，影响农牧民的收入，而且直接威胁到国家生态安全。

（一）目的及意义

军事区域分布着各类草原资源，这些草原资源主要分布在试验基地、大型训练基地、靶场、军马场等区域。长期以来，由于自然和人为因素的影响，军事区域草原植被遭受了不同程度的破坏，虫害和火灾等时有发生，生态功能退化趋势不断加剧，严重影响了军队全面建设和国家生态环境建设的总体进程。加强军事区域的草原保护与建设，对维护国家生态安全、促进牧区经济发展、提高广大牧民的生活水平具有十分重要的意义。特别是多数草原地处边疆，也是我国少数民族的主要聚居区，加强军事区域草原保护建设，合理利用草原资源，对于巩固民族团结、维护边疆稳定、构建社会主义和谐社会有着特殊作用。为加强我国草原资源保护工作，国家在编制全国草原保护工程建设“十一五”发展规划时，首次将军事区域 2 000 多万亩天然草原纳入了国家草原保护发展规划。2007 年，经国家五部委批准，军事区域内 40 万亩天然草场承担军队退牧还草试点任务，这标志着在国家草原保护建设总体规划内，军队草原保护工程正式启动。按照国家统一规划的要求，从 2007 年开始，军内开展草原围栏建设、草原补种改良等工程。

（二）基本要求

根据《中华人民共和国草原法》《中国人民解放军环境保护条例》的要求，军事区域草原保护要做到：一是因地制宜、统筹规划、分类指导。坚持从实际出发，自觉按客观规律办事，根据军事区域草原的分布特点、生态环境特征及其存在的主要问题，因地制宜，因害设防，着眼部队战斗力的提升、草原生态环境的整体改善和草原地区经济的可持续发展，确定各个区域保护建设的重点和合理利用的措施。二是有效保护、加快建设、持续利用。突出草原的军事功能和生态功能，加强草原资源管理和有效保护。根据军事区域草原存在的主要问题，找准突破口，对重点区域实施重点项目建设，通过重点建设带动全面保护，以全面保护巩固建设成果。同时还要通过转变战斗力生成模式，促进草原的合理利用，巩固保护与建设成果。三是兼顾生态效益、经济效益、社会效益和军事效益。把草原生态保护建设与生产发展、百姓增收和脱贫致富、部队基本建设紧密结合起来，力求经济效益、社会效益、生态效益和军事效益的协调统一，促进军事区域草原和国防建设的可持续发展。

（三）主要成效

近年来，在党中央、国务院、中央军委的正确领导下，各级大力加强草原保护建设，充分调动广大官兵的积极性和创造性，依法治草、科技兴草，军事区域草原保护建设工作取得了明显成效。一是草原相关政策不断完善。2004 年，中央军委重新修订了《中国人民解放军环境保护条例》，明确指出开发利用军队管理和使用区域内的水系、森林、矿藏、草原等自然资源，必须依照法律的规定，采取保护生态环境的措施。2005 年新颁布的《中国人民解放军绿化条例》明确规定了严禁开垦、破坏草原植被的原则。2009 年四总部联合发布的《军事管理区草原建设与保护管理规定》，成为建军以来军队草原保护工作的首部法规，是军队草原建设与保护工作的基本依据。这一系列条例、法规的出台，对推动军队草原建设与保护工作的法制化、规范化，优化军队草原建设管理的工作机制和工作方法，依法保护和改善军事区域的生活环境及生态环境具有重要的意义。二是草原保护建设步伐加快。近年来，军队对草原保护建设的投入不断增加，先后参与了天然草原植被恢复与建设、牧草种子基地建设、草原围栏建设、天然草原退牧还草、京津风沙源治理等草原保护建设工程项目，取得了良好的生态效益、经济效益、社会效益和军事效益。同时，军事区域草原人畜饮水、饲草料基地等生产、生活基础条件大为改善。通过保护建设，军事区域草原植被得到初步恢复，防风固沙和水土保持能力显著增强，生态环境明显改善，官兵治草兴草热情高涨，借助改善草原环境提高战斗力的意识得到增强。三是草原科技水平进一步提高。近年来，军事区域草原科研、教学、技术推广工作得到了长足发展，尤其在草种选育、草原资源监测、病虫鼠害防治、人工种草、草原改良以及草产品生产加工、家畜饲养等方面取得了一大批成果。科学理论不断得到丰富和发展，军事管理区草原建设与保护相关质量标准、技术规范和规程日益完善，在建设与保护草原过程中产生了较好的社会效益和军事效益。与地方广泛开展了草原保护交流合作，推动了草原保护建设技术的进步。

尽管近年来军事区域草原保护建设取得了显著成效，但还应该看到，草原生态环境总体恶化的状况还没有根本扭转，草原生产能力总体偏低的状况还未得到根本改变，草原退化对驻地部队战斗力生成的负面影响依旧存在，保护和建设草原、实现草原可持续发展依然任重道远。

二、草原保护的主要做法

（一）建立和完善草原保护制度

一是建立军事区域基本草地保护制度。把人工草地、改良草地、重要放牧场、割草地及草地自然保护区等具有特殊生态作用的草地划定为基本草地，实行严格的保护制度。任何单位和个人不得擅自征用、占用基本草地或改变其用途。军事区域内各级单位切实履行职责，做好本区域内基本草地的划定、保护和监督管理工作。二是实行草畜平衡制度。根据军事区域内草原在一定时期提供的饲草料量，确定牲畜饲养量，实行草畜平衡。特别是军马场、军队农副业生产基地等单位，应根据自身实际情况制定草原载畜量标准和草畜平衡管理办法，加强对草畜平衡工作的指导和监督检查。强化军事区域内草畜平衡的组织落实、技术指导和具体管理工作，定期核定草原载畜量。与此同时，军事区域的各单位应加强与地方政府的沟通合作，大力宣传草原保护理念，增强所在区域农牧民的生态保护意识，鼓励农牧民积极发展饲草料生产，改良牲畜品种，控制草原牲畜放养数量，逐步解决草原超载过牧问题，实现草畜动态平衡。三是推行划区轮牧、休牧、禁牧和分片区训练制度。为合理、有效地利用草原，在牧区推行草原划区轮牧；为保护牧草的正常生长和繁殖，在春季牧草返青期和秋季牧草结实期实行季节性休牧；为恢复草原植被，在生态脆弱区和草原退化严重的地区实行围封禁牧。以草原为经常性军事活动场所的单位，应从实际出发，因地制宜地制定切实可行的划区域训练方案，有计划、分步骤、分片区地组织实施军事行动，避免长期军事行为对草原生态系统的破坏。

（二）稳定和提高草原生产能力

一是加强以围栏和牧区水利为重点的草原基础设施建设。突出抓好草原围栏、牧区水利、牲畜棚圈、饲草料储备等基础设施建设，合理开发和利用水资源，加强饲草料基地、人工草地、改良草地建设，增强牧草的供给能力。二是加快退化草原治理。草原地区各类军事单位按照因地制宜、标本兼治的原则，采取生物、工程和农艺等措施加快退化草原治理，并鼓励各级部门和官兵治理退化草原，逐步恢复部分军事区域内草原的生态功能和生产能力。三是提高防灾和减灾能力。草原地区各级军事单位坚持预防为主、防治结合的方针，做好草原防灾和减灾工作。认真贯彻落实《草原防火条例》，从被动救灾向主动防灾转变，进一步加强基础设施建设，做好火灾预测和预报；增强草原火灾的预防和扑救能力，改善防火和扑火的手段；组织划定草原防火责任区，加强草原防火值班，确定草原防火责任单位，建立草原防火责任制度；重点区域的草原防火工作实行单位主官负责制和部门领导分工负责制，制定详细的防火方案，牢牢掌握防火工作主动权。四是加大草原鼠虫害防治力度。

加强鼠虫害预测和预报，制定鼠虫害防治预案，采取生物、物理、化学等综合防治措施，减轻草原鼠虫危害。突出运用生物防治技术，防止草原环境污染，维护生态平衡。

（三）实施已垦草原退耕还草

一是明确退耕还草的范围和重点区域。对有利于改善生态环境、水土流失严重、有沙化趋势的已垦草原实行退耕还草。将退耕还草的重点放在江河源区、风沙源区、农牧交错带和对生态、军事行动有重大影响的地区。坚持生态效益与军事效益并行，兼顾地方经济发展，加快推进退耕还草工作。二是完善退耕还草的各项政策措施的落实。依据国家退耕还林还草的有关政策规定，承担退耕还草的部队编制已垦草原退耕还草工程实施方案，把工程任务落实到田头地块和每个基层单位。各级军事部门加强与地方政府的协调力度，强化草种基地的建设，保证优良草种供应。三是采取退耕还草技术示范。咨询环保绿化专家，从技术上提高退耕还草的工程质量。

（四）转变草原畜牧业经营方式

一是积极推行舍饲圈养方式。在草原禁牧、休牧、轮牧区，特别是军马场等单位逐步改变依赖天然草原放牧的生产方式，大力推行舍饲圈养方式，积极建设高产人工草地和饲草料基地，增加饲草料产量。二是调整优化区域布局。按照因地制宜、发挥比较优势的原则，调整和优化草原畜牧业的区域布局，逐步形成牧区繁育、农区和半农半牧区育肥的生产格局。突出对草原的保护，科学、合理地控制载畜量，加强天然草原和牲畜品种改良，提高牲畜的出栏率。三是实施人工种草工程。地处半农半牧区的军事单位大力发展人工种草，较好地解决饲草不足的矛盾，保证畜牧发展的需要。

（五）推进草原保护与建设科技进步

一是加强草原科学技术的应用。从草原退化机理、生态演替规律等方面着手进行草原保护，加强草原生态系统恢复与重建的宏观调控、优质抗逆牧草品种的选择等。在草种生产、天然草原植被恢复、人工草地建设、草产品加工、鼠虫害生物防治等对草原保护与建设具有重大影响的方面，与各级畜牧业行政主管部门和科技部门联合，加强草原保护的力量。利用军队优势，深化生物技术、遥感及现代信息技术等在草原保护与建设中的应用。二是加快引进草原新技术和牧草新品种。着力加强技术引进与交流，重点引进抗旱、耐寒的牧草新品种，加强草种繁育、草原生态保护、草种和草产品加工等先进技术的引进工作。三是加大草原适用技术的推广力度。加强草原技术推广队伍建设，改善手段，增强能力。加快退化草原植被恢复、高产优质人工草地建设、生物治虫灭鼠等适用技术的推广。建立一批草原生态保护建设科技示范场，促进草原科研成果在军事区域的尽快转化。同时，加强对官兵的技术培训，提高官兵的专业水平和管理能力。

（六）增加草原保护与建设投入

一是科学制定规划，严格组织实施。各类军事单位按照国家草原保护政策，依据上级草原保护与建设规划，结合本地实际情况，编制本军事区域内的草原生态保护与建设规划，做到草原生态保护与建设规划与土地利用总体规划、防沙治沙规划、区域内军事行动规划相互结合、有机统一。二是增加对草原保护的投入。草原地区军事单位加大草原保护与建设的经费预算，同时积极引导地方部门，拓宽筹资渠道，增加草原保护与建设的投入。三是突出建设重点，提高草原保护效益。将国家给予的相应资金支持用于天然草原恢复与建设、退化草原治理、生态脆弱区退牧封育、已垦草原退耕还草等工程建设。强化工程质量管理，提高资金使用效益。总结天然草原的恢复与建设经验，与地方协同配合，重点推进天然草原的恢复与建设。

（七）强化草原监督管理和监测预警工作

一是依法加强草原的监督管理工作。认真贯彻落实《中华人民共和国草原法》《国务院关于加强草原保护与建设的若干意见》等，依法加强草原的监督管理工作。一方面，完善内部管理和奖励机制，分别划定保护范围，明确监督管理责任人；另一方面，依据草原法规，建立与驻地林管、公安、草原监理等部门的联合管理机制，切实做好草原法规宣传工作和草原执法工作。重点查处乱开滥垦、乱采滥挖等人为破坏草原的行为，严格对草原野生植物采集的管理。二是加强草原监督管理队伍建设。草原监督管理部门是草原地区军事单位进行草原保护的主要力量。各级军事单位建立健全草原监督管理机构，不断完善草原监督管理手段。大力加强草原监督管理部门的队伍建设，全面提高官兵素质和监管水平。三是认真做好草原生态监测预警工作。草原生态监测是草原保护的基础，各类军事单位逐步建立和完善所在区域的草原生态监测预警体系，重点抓草原面积、生产能力、生态环境状况、草原生物灾害以及草原保护与建设效益等方面的监测工作。

（八）加强对草原保护与建设工作的领导和宣传

把草原保护与建设工作纳入党委重要议事日程，坚持主官负总责，建立各级目标责任制。按照长期、点对点的原则，狠抓草原保护与建设责任的落实，充分调动官兵保护和建设草原的主动性、积极性。加强与地方各有关部门的密切配合，切实做好草原保护与建设的各项配套工作，确保草原保护与建设工作的顺利开展。

加强舆论宣传，努力营造良好的草原保护氛围。草原的保护、建设与利用离不开各方的参与和支持，在军事驻地大力宣传草原的重要地位和作用，广泛普及草原科技知识，弘扬种草、护草、爱草的绿色文化。树立和运用“大资源”的理念，高度重视草原资源的保护和开发，确保草原永续利用。树立和运用“大生态”的理念，充分发挥草原的生态功能，建设好草原生态屏障。进一步增强官兵及百姓保护、建设草原的责任意识，努力营造爱护草原的良好氛围。

三、建设实例

（一）某军马场草原保护工程

1．基本情况

某军马场地处××自治区××市，总面积41.3万亩。该场范围内多为丘陵性草原，内有大片沼泽地和沙地分布，属大兴安岭余脉与阴山山脉交会处的坝上地区。军马场中草原面积占66%，森林面积占21%，沼泽、湿地面积占8%，耕地面积占3.6%。场内物种丰富，植被覆盖率为94%，各类植物600余种，野生动物200余种。场内退化和潜在退化丘陵草原区占大部分，多为拱起的土山和土丘。

2．过去的生态简况

根据我国北方沙漠化土地的区域划分，该军马场属半干旱草原地带，为中度沙化治理区，场区西北部与浑善达克沙地相连，场内9 000亩的沙化地块按其性质划分为沙质草原沙漠化。20世纪50年代末期到

70 年代中期，军马场比较注重科学放牧、合理轮作，其草原沙化面积相对稳定。进入 20 世纪 90 年代，军马场的管理体制发生了较大变化，牲畜饲养、土地耕种都进入无序状态，致使草原大面积退化，沙漠化土地的蔓延加速。另外，军马场地处我国北方气候干旱区，自然资源贫乏。随着人口流动的加快，社会需求不断扩大，加大了军马场土地资源利用的压力，也破坏了建场初期科学的放牧制度和合理的耕作方式，不合理的土地利用使草原品质退化、面积减少。农作物种植的随意性和草原载畜量的增大，导致地表植被衰退，风作用于地表产生风蚀作用。同时，军马场因地处浑善达克沙地边缘，受沙地影响，也增大了其场内的草原沙化面积。

3．主要做法和成效

合理而高效地利用土地成为治理军马场草原沙化的根本出路。沙化草原的防治必须以生态效益、经济效益、社会效益和军事效益的统一为目标，建立既可防止土地退化，又可促进生产发展的环境保护体系。

（1）草原保护工作。一是保持现有草原规模。把可利用草原划分为 12 片，作为永久性草地，引进优良草种，进行品种改良。对可能的侵蚀区进行围封，包括场区主干道，特别是北部和南部边界。二是保护湖面、沼泽和林地。分别划定保护范围，竖立标志牌和警示牌，指定专人巡视看护。三是围封有沙化迹象的可利用草原，实行严格的禁牧措施。四是实行草场轮牧和牲畜圈养。划定 8 个放牧场，实行冬夏轮牧。五是退耕还草。2010 年，在地方政府政策和资金的支持下，场区内 1.7 万亩耕地全面退耕。六是垃圾、污水资源化处理。在观光景点设置垃圾箱和简易厕所，实行垃圾分类处理；处理完的肥料用于沙化土地治理，可燃物用作锅炉燃料；在军马场中心区建污水处理厂 1 个，集中处理后的污水用于灌溉。

（2）退化草原治理工作。在退化草原治理措施上，军马场结合当地地理特点，重点做了以下六个方面的工作：①采取天然封育，加强生态环境保护力度，有效遏制沙化土地蔓延趋势。军马场为了遏制草原退化趋势，使生态环境得到有效保护，采取围封养育的措施，架设网围栏超过 100 km，对场区内 5.4 万亩的天然草原进行了封育。②治理沼泽、湿地，建坝蓄水，解决沙化土地治理水源问题。20 世纪 60 年代，军马场曾经采取挖渠排水的方式，使场区内近万亩湿地干涸，造成了湿地的退化。军马场为恢复沼泽、湿地，于 2001 年采取拦渠蓄水的方式，治理沼泽地 1 万亩。采取建筑土坝的方法修建了近 600 亩水面的水库 2 座，解决了军马场沙化土地治理的水源问题，调节了军马场内的小气候，涵养了水源。③通过植树造林、营造防风沙林带和林网以及雨季在退化草原表面栽植固沙植物等措施，逐步缩小沙化土地面积。军马场自 2002 年起采取职工承包林地、场里出苗木的办法，造林 1 万亩，在重点沙化地段营造防风沙林带、林网。2011 年，采取部队驻训军马场植树造林的方式，进行人工林的种植。雨季采取在沙丘表面撒播耐旱草种，栽种沙棘、沙柳等树种的方式，增加林草的成活率，稳定了沙化草原的面积，并使沙化土地呈现出缩小趋势。④采用粪肥覆盖的办法，对小面积的沙化地块进行彻底治理。军马场的养畜量较大，每年粪肥的产量可观。场里采取用牲畜粪肥覆盖的方式对小面积的沙化土地进行全面覆盖。此项措施既彻底治理了小面积沙化土地，又对牲畜产生的废料进行了无害化处理，取得了较好的生态效益和社会效益。⑤限量饲养牲畜，缓解草原退化，更好地保护生态环境。军马场根据场内草原状况，科学地计算出草原载畜能力，采取限量饲养牲畜的办法，杜绝过度放牧现象，减轻草原负担，使生态环境得到了较好的保护。⑥建章立制，加强管护，杜绝人为因素对草原产生的破坏。军马场制定了《××军马场草原生态保护管理办法》等一系列规章制度，使生态环境保护有章可循，避免了工作的随意性和盲目性。军马场专门成立了林木草原管护大队，实行经常性巡逻，防止和纠正乱采、乱挖等破坏草场的行为。

（二）新疆生产建设兵团某团草原保护工程

1．基本情况

某团位于昭苏盆地中部偏北，团场东西宽 18 km，南北长 43 km。该团分为平原、山区两大部分，地势北高窄、南低阔，呈楔状分布。北部属高山、亚高山地带，占全团面积的 54%，山势陡峭，起伏不平，一些地方岩石裸露，风化砾石堆积。海拔 1 700～2 700 m 的阴坡地带有云杉原始森林，其间夹有高山草甸草场，海拔 1 700 m 以下全被繁茂的亚高山草甸占据，为优良的夏冬牧场。南部为山前冲积平原，平原下部被山贯穿，分成南北两片，北为春秋牧场，南为农田。团场现有土地总面积 58.66 万亩，其中耕地 14.2 万亩、优良草场 36 万亩。

该团所在地区的气候特征为“冬长无夏，春秋相连”，只有冷暖之别，没有四季之分，冷季长且寒冷多雾，暖季短且多阵雨，天气变化无常。全年实际日照 2 500 小时左右，年平均气温 1.3℃，全年无酷暑。无霜期短且极不稳定，年际变化大，气温低，热量不足。年降水量为 357～498 mm，分布规律为山区多、平原少。

团场植被资源丰富，树种主要有雪岭云杉、爬地柏、沙枣、沙棘、河柳、山杨、榆树、桦树等，草本植物有当归、贝母、芹菜、款冬、大力子、车前草、野薄荷、野草莓等。同时，团场地域辽阔，地形复杂，动物资源多样，有马鹿、黄羊、狼、狐狸、雪鸡、锦鸡、野猪、熊、旱獭等。团场有着广袤的天然草场，历来是畜牧业的重点发展区域，不仅是伊犁挽马的培养之地，而且是新疆细毛羊发展的主要基地。

2．过去的生态简况

该团是农牧业结合的大团，前些年，由于经济社会快速发展、人口数量不断攀升、牲畜数量急剧增加，超载放牧、人为破坏草原的现象时有发生，同时，自然条件对团场的制约较大，作物种植品种单一，易受到雪灾、冰雹等灾害性天气的影响。此外，草场也经常遭到牲畜、老鼠、蚂蚁等生物的破坏，退化情况十分严重。天然草原面积大量减少，土地退化、沙化和盐渍化严重；除典型草原类及低地草甸类草地外，其他类草地面积较 20 世纪 80 年代均有不同程度的减少，尤其是草甸草原类、山地草甸类及沼泽类草地减少明显；草原优质牧草的比重呈阶梯状下降，产草量降低。草原生态状况与 20 世纪 70 年代相比，植被覆盖率降低 10%～20%，草层高度下降 10cm 左右，草地初级生产力降低明显；从草群植被组成上看，优良禾草比例下降 10%～40%，低劣杂草比例上升 10%～45%；优质牧草如羊草、冰草等在草群中的比例下降，而一些适口性差的杂类草则比例增加，草群变稀、变矮，植物种类明显减少，生物多样性减少程度大于其他自然生态系统；有些退化严重的地区已经变成寸草不生的裸地、沙地，草原的生态功能和生产功能近乎丧失，人畜无法继续生存。随着草原退化程度的不断加大，“风吹草低见牛羊”的景象已不如往昔，严重威胁着该地区的生态安全、边疆稳定和社会繁荣，保护、恢复与建设草原迫在眉睫。

3．主要做法和成效

（1）提高认识，正确处理地区发展与草原保护的关系

团场所在地区面临着维护边疆安全、发展经济和保护生态等多重任务。近年来，各级单位坚持有进有退、科学发展，遵循稳定、发展与共赢的原则，积极转变生产方式和理念，积极适应现代国防、经济以及生态环境的客观要求，认真研究新形势下草原发展的渠道与措施，充分考虑生态的承受能力，最大限度地降低对环境的影响。大力发展循环经济，坚持走生产发展、生活富裕、生态良好、边疆稳定的可持续发展之路。正确处理速度与结构、质量、效益的关系，努力规范草原的生产活动，切实在保护中发展，在发展中保护。

（2）落实草原保护制度，全面加强草原保护工作

①积极推进禁牧、休牧、划区轮牧制度。超载过牧是草原生态恶化的主要原因，团场大部分草原严格落实禁牧、休牧、限牧和划区轮牧制度，采取牲畜舍饲、半舍饲等方法，使受损的草原植被得到了良好的恢复。在严重退化区、沙化区、盐渍化区和生态脆弱区实行禁牧、限牧，团场草原以休牧为主，并积极推进划区轮牧制度；农区、半农半牧区以舍饲圈养为主，实行禁牧和休牧；强化禁牧、休牧的监管力度，以确保禁得住、休得下。同时，团场还十分注重优化畜群结构，加快推进草原畜牧业生产方式的转变，初步实现了草原绿起来、边疆稳定起来的目标。

②积极推行草畜平衡制度。草原退化最直接、危害最大的原因就是超载过牧。因此，控制牲畜数量对保护草原至关重要。团场严格按照《草畜平衡管理办法》，根据所辖草原的实际承载能力，合理调整和安排草原的使用，逐步改善了草原超载过牧的问题；不断优化畜牧业生产布局，大力发展农区畜牧业，科学规划牧区畜牧业；以草定畜，保护草原天然植被，不再走先破坏、后治理的弯路。此外，团场各级单位积极支持、鼓励和引导干部职工发展人工饲草料种植，改良牲畜品种，推行舍饲圈养，加快畜群周转，减轻天然草原的放牧压力，逐步实现了草畜平衡。

③加强对基本草原的保护，实施严格的基本草原保护制度。团场加快了基本草原的划定工作，对诸如重要放牧场、割草地、用于畜牧业生产的人工草地、退耕还草地和改良草地、草种基地，对调节气候、涵养水源、保持水土、防风固沙具有特殊作用的草原，作为国家重点保护野

生动植物生存环境的草原，以及草原教学科研试验基地等基本草原实施严格管理。

（3）依法行政，全面实现依法治草

草原监理是保护草原的重要力量，是实现草原可持续发展的重要保证。目前，团场深入开展草原法律法规宣传工作，努力做到家喻户晓、妇孺皆知，切实提高全体人员遵纪守法和依法保护草原的自觉性。积极建立健全管护制度，规范和约束人员行为，形成人人保护生态的良好氛围。加强草原管理体系建设，专门成立草原监督管理机构，在执法人员数量和机构规格上与其所承担的工作任务相匹配。注重基层专职或兼职管护队伍建设，落实管护责任。定期开展执法人员培训工作，不断提高执法人员的业务素质和工作能力，确保严格执法、依法行政。改善执法手段，增强执法能力，加大草原执法力度，坚决查处乱开滥垦、乱采滥挖、违法征（占）用草原等行为。严格落实草原野生植物的采集许可证制度，严禁无证采挖和违规采挖。

（4）加强草原建设，不断提高饲草料供应能力

在草原建设项目的示范和带动下，团场大力发展以水为中心的配套设施建设，扩大青贮饲料作物种植规模，增加青贮饲料储量。着力提高人工草地生产能力，建立一批成规模、上档次的优质草产品生产基地。大力发展灌溉饲草料基地，增加青贮饲料种植面积；科学确定牧草收割时机，在牧草收割时，扩大牧草保鲜收储的数量，减少牧草营养成分的损失。充分运用免耕播种、飞播、撒播、带状种植灌木等技术推进草地改良。

（5）加快草原重点工程建设，加大退化草原治理力度

团场积极争取国家项目支持，认真组织实施了沙地防沙治沙、天然草原退牧还草、草原节水灌溉、退耕还草等重点工程，充分发挥重点治理工程在改善生态环境方面的龙头作用。正确处理林草关系，因地制宜，遵循“宜林则林、宜草则草、共生共存”的原则，综合采取生物、工程和农艺等措施加快退化草原治理。积极开展与科研院校（所）的合作，广泛听取专家意见，引进、借鉴先进的草原植被恢复重建技术和管理经验，总结并推广多年来防治草原退化、沙化和盐渍化的好经验、好做法，切实提高总体防治水平。建立工程项目效益监测与评价机制和工程质量

技术监督组织体系，制定和完善有关技术标准，加强对工程实施质量和技术标准执行情况的监督检查，把好每个环节的质量关，保证项目建设顺利实施，切实发挥效益。

（6）强化培训，切实提高人员综合素质

团场将提高人员科技文化素质、现代化意识和能力作为草原可持续发展的重要支撑和手段。发展现代草原、保护草原环境，最终要靠有文化、懂技术、会管理的新型人才。通过实施科技培训工程、草场实用人才工程等项目，努力强化全团人员的生态保护意识、生产技能和管理能力。本着“以人为本、突出技能、注重实效”的宗旨，立足于草原建设保护的现实需要和发展方向，突出实用性和实效性，由“数量牧业”向“优质牧业”转变。在加强人员实用草原建设和保护技术培训的同时，团场还围绕现代管理知识、法律法规、信息技术等对人员进行了培训，逐步形成了一批综合素质较强的草原建设队伍。采取灵活多样的培训方式，充分发挥大专院校、科研机构、环保部门的优势，为团场人员培训提供强有力的技术和信息支持。

通过以上手段和措施，该团有效遏制了自然草场严重退化的被动局面，保证了畜牧业生产的良性循环，维护了草原的生态平衡，推动了边疆的和谐稳定与繁荣发展。

第七章　军事区域湿地与水体保护

湿地是生态环境的重要组成部分，在维持生态平衡、保护生物多样性和珍稀物种资源以及涵养水源等方面发挥着不可替代的作用。军事区域内分布着众多不同种类的湿地，加强军事区域湿地与水体的保护对维护国家生态安全有着重要作用。从 20 世纪 90 年代后期开始，湿地的保护、恢复与发展已经成为军队生态环境建设的一个重要组成部分，并在部分营区取得了显著成效。

第一节　湿地保护

一、概述

湿地是指天然或人工、长久性或暂时性的沼泽地、泥炭地或水域地带，带有静止或流动的淡水、半咸水及咸水体，包括低潮时水深不超过 6 m 的海域。湿地处于陆地生态系统（如森林和草地）与水生生态系统（如深水湖和海洋）之间，是陆地生态系统和水生生态系统的过渡带。湿地的水文条件是湿地属性的决定性因素，不同的湿地浸水深度和水存时间在不同的年份里变化很大。湿地既不像陆地生态系统那样干，也不像水生生态系统那样有永久性深水层，而是经常处于土壤水分饱和或有浅水层覆盖的状态。湿地的面积可以从几平方千米到几百平方千米不等。湿地的分布也很广，从内陆到沿海、从农村到城市都有分布。

湿地是地球生态环境的一个重要组成部分，与森林、海洋并称为地球三大生态系统。湿地兼具陆地生态系统和水生生态系统的特点，与人类的生存和经济社会的发展密切相关，不仅能提供大量食物、原料和水资源，而且在维持生态平衡、保护生物多样性等方面发挥着不可替代的作用，被誉为“地球之肾”。组成湿地的要素互相联系、互相制约，形成了一个动态平衡的生态系统，具有一系列的功能，主要表现在以下几个方面。

一是调蓄水量。湿地一般位于低凹处，含有大量持水性良好的泥炭土和植物、质地黏重的不透水层，这使其具有良好的蓄水能力。湿地能在短时间内蓄积洪水，然后用较长的时间将水排出，故其在蓄水、调节河川径流、补给地下水和维持区域水平衡中发挥着重要作用，是蓄水防洪的天然“海绵”，在时空上可分配不均匀的降水，通过湿地的吞吐调节，避免水旱灾害。

二是调节气候。湿地可以调节局部地域的小气候。湿地是多水的自然体，由于湿地经常处于土壤积水或过湿状态，水的热容量大，地表增温困难；而湿地蒸发量是水面蒸发量的 2～3 倍，蒸发量越大，消耗的热量就越多，会导致湿地地区气温降低，湿度增大。据实验研究，1 hm^2 的沼泽在生长季节可蒸发掉 7 415 t 水分，蒸腾作用可保持当地的湿度和降水量，由此可见湿地具有强大的气候调节功能。

三是保护生物多样性。湿地是地球上生物多样性丰富、功能较多的生态系统。由于湿地处于水陆相互作用的区域，因此其生态系统具有明显的边缘效应特征。这种边缘效应使得湿地生态系统的结构复杂，稳定性相对较高，生物物种十分丰富。虽然湿地面积仅占地球陆地面积的 6%，却为地球上 20%以上的生物提供了生境。湿地还是许多珍稀濒危物种繁衍生息的基地，特别是季节性珍稀濒危鸟类飞行繁殖的基地。因此，湿地一旦遭到破坏，将会导致很多珍稀濒危物种由于缺乏必要的栖息和繁殖地而灭绝。

四是净化水质。沼泽湿地像天然的过滤器，其中生长着挺水性、浮水性和沉水性的水生植物，当含有毒物和杂质（农药、生活污水和工业排放物）的流水经过湿地时，由于湿地植物根系和枝叶的阻挡，流速会减缓，水中的泥沙得以沉淀，经过植物根系时，水中的一些有毒物质被湿地植物有效地吸收，加上土壤的生物代谢过程及物理和化学作用，水中各种有机、无机的溶解物和悬浮物被截留下来，许多有毒、有害的复合物被转化为无害甚至有用的物质。例如，氮、磷、钾及其他有机物质通过复杂的物理、化学变化被生物体贮存起来，或者通过生物的转移（如收割植物、捕鱼等）等途径永久地脱离湿地，参与更大范围的循环，使水体得到净化。据测定，在湿地植物组织内富集的重金属浓度比周围水中的重金属浓度高出 10 万倍。

五是涵养水源。随着人们生活水平的提高及人口的急剧增加，地下水位有下降的趋势，特别是大城市的地下水位下降趋势更为明显，而湿地水源充足，可源源不断地补给地下水，稳定地下水位。在人类社会的很长一段时间，湿地一直被看作是蚊虫滋生的场所和肮脏的烂泥地。为追求经济效益，人们努力排干湿地进行开发种植或从事其他活动，换得了一时的经济效益。不当的认识使我国的湿地不断减少。长江中下游是我国重要的湖区，中华人民共和国成立之初共有湖泊面积 25 829 km^2，目前仅余 14 073 km^2，减少了 45.5%；湖北省的湖泊数量从 1 066 个减少到目前的 309 个，面积仅剩 2 050 km^2，减少了一半以上。有资料显示，1825—1983 年，洞庭湖面积减少了 3 309 km^2；1949 年湖泊容积为 293 亿 m^3，现已减少到 174 亿 m^3，调洪能力下降到 50 亿 m^3。20 世纪 50 年代，三江平原（即黑龙江、松花江和乌苏里江汇流的冲积平原和完达山以南的沼泽化冲积平原）中沼泽、湖泊、湿草甸等类型的湿地大面积连绵分布，湿地面积达 534.5 万 hm^2，占平原面积的 80.17%。随后，大规模的农业开垦利用使耕地面积由 1949 年的 78.60 万 hm^2 增加到了 1994 年的 457.24 万 hm^2，而湿地面积却减少了 300 多万 hm^2。湿地的丧失也让人尝到了许多苦果，包括地下水储量降低后随之而来的灌溉用水需求增加、洪水肆虐、区域气候变干、海岸线遭到破坏、污染物积聚、湿地生物资源及其他资源的减少等。效益的天平在大大失衡，湿地的巨大作用难以用直接效益来计算。为加强湿地的保护与管理，根据国家法律法规和国务院有关规定，国家林业局颁布实施了《湿地保护管理规定》。《湿地保护管理规定》指出，国家对湿地实行保护优先、科学恢复、合理利用、持续发展的方针。除法律法规有特别规定的以外，在湿地内禁止从事下列活动：（一）开（围）垦湿地，放牧、捕捞；（二）填埋、排干湿地或者擅自改变湿地用途；（三）取用或者截断湿地水源；（四）挖砂、取土、开矿；（五）排放生活污水、工业废水；（六）破坏野生动物栖息地、鱼类洄游通道，采挖野生植物或者猎捕野生动物；（七）引进外来物种；（八）其他破坏湿地及其生态功能的活动。《中国人民解放军环境保护条例》明确要求，各单位应当加强对其管理和使用区域内的江、河、湖、海等水域环境的保护。向水域排放、倾倒废弃物，进行沿岸或者水上设施建设，必须依照法律的规定，防止对水域环境的污染损害。

目前，军事区域的湿地主要有5种典型类型：①沼泽湿地，主要分布在三江平原、大兴安岭、小兴安岭、若尔盖草原及海滨、湖滨、河流沿岸等的军事区域。在这些区域中，地处山区的多为木本沼泽，地处平原的多为草本沼泽。②湖泊湿地，在东部平原地区、蒙新高原地区、云贵高原地区、青藏高原地区和东北平原与山区等的军事区域均有分布。③河流湿地，主要分布于东部气候湿润多雨的季风区内的军事区域。④浅海、滩涂湿地，主要分布于沿海的省（自治区、直辖市）内的军事区域。海域沿岸的大中河流入海，会形成浅海滩涂生态系统、河口湾生态系统、海岸湿地生态系统、红树林生态系统、珊瑚礁生态系统、海岛生态系统等。⑤人工湿地，主要有水库、池塘、渠道、塘堰等，在军事区域内分布最为广泛。近年来，随着广大官兵环保意识的逐步增强，越来越多的官兵开始关心湿地、保护湿地，这是一个非常可喜的局面，是对湿地的新认识、新评价，是重新认识自然资源的一种进步。然而由于历史、经济、法律、科技、观念等方面的原因，湿地的保护还存在很大的不足，对湿地的开发也明显存在很多问题。进一步认识湿地、了解湿地显得越发重要。

二、主要做法

20世纪90年代后期，军队开始关注在规划设计方面对湿地环境应用和保护的研究，尤其在1992年以后，军队有关湿地的研究与实践也取得了巨大进步。湿地保护、恢复与发展已经成为军队生态环境建设的一个重要组成部分，并在部分营区取得了显著成效。主要包括以下做法。

（一）开展湿地资源调查、监测和评估

湿地资源调查、监测和评估是一项工作量大、涉及部门多、技术性强的工作，为规范、统一湿地资源调查、监测和评估工作，中国人民解放军环保绿化委员会办公室在征求有关业务部门和单位意见的基础上，制定了湿地资源调查、监测和评估的技术规程，定期组织开展全军湿地资源调查、监测和评估工作。湿地资源调查、监测和评估技术规程的主要内容包括调查目的和任务、调查范围、调查分类、调查内容、质量管理、核查材料汇总等，其中调查分类按照湿地分类及划分标准，对流域、地形地貌、海洋潮汐、土壤、地表水质等进行细化分类，为调查提供规范、可操作的标准。调查区划中湿地划分的主要依据是其生态系统的完整性和地貌单元的独立性，湿地斑块则按照湿地类型、土地所有权、保护状况、受威胁等级等来划分。湿地调查中，一般主要调查湿地类型、面积、分布、平均海拔、植被类型等；除上述内容外，还要调查自然环境要素、湿地野生动物、湿地植物群落、保护与利用现状等。

（二）制定湿地资源保护规划

中国人民解放军环保绿化委员会根据军队湿地资源保护与建设现状，会同军队有关部门编制军队湿地资源保护规划，并得到中央军委批准。军队湿地资源保护规划的主要内容包括：①军队湿地资源分布情况、类型及特点、水资源和野生生物资源状况；②保护与利用的指导思想、原则、目标和任务；③湿地生态保护重点建设项目与布局；④投资估算及效益分析；⑤保障措施。

（三）加强湿地保护宣传教育

湿地保护的宣传和教育是提高广大官兵湿地保护意识、做好湿地保护工作的重要手段。20 世纪 90 年代开始，军队在保护湿地及其动植物方面做了许多工作，包括建立机构、划分湿地自然保护区、植树造林、控制水土流失等。虽然这些工作取得了一定的成效，但许多官兵特别是偏远地区的官兵对湿地保护的重要性还没有真正理解和充分重视，法制观念不够强。在一些地区，短期行为比较突出、缺乏整体保护意识的问题还比较严重。针对这一情况，军队采取灵活多样的方式，不断加强湿地保护的宣传工作。对于临近湿地的营区，广泛开展探究型湿地保护教育活动，鼓励官兵共同探究有关湿地的理论知识，如湿地的类型、湿地的功能、湿地与人类的关系、湿地与鸟类的关系、保护湿地的重要性等。有条件的军事院校和研究机构通过学术讲座、科学研究等，把湿地保护与可持续利用的理念、知识、技术传授给驻地官兵。通过这些湿地保护教育活动，带动官兵关心湿地、爱护湿地，自觉自愿地参与到湿地保护工作中。

（四）划定湿地保护区

湿地自然保护区是指对尚未破坏或虽有破坏但还未改变其生态结构和功能且有代表性的湿地自然生态区域，珍稀濒危湿地野生动植物物种的天然集中分布区，以及其他有特殊意义的湿地自然生态保护对象等，依法划出一定面积予以特殊保护和管理的确定性区域。《关于特别是作为水禽栖息地的国际重要湿地公约》（以下简称《湿地公约》）明确规定了各缔约国应指定其领土内适当湿地，列入《国际重要湿地名录》（以下简称《名录》）。对于列入《名录》的湿地，各缔约国在对其行使主权的同时，应考虑其对保护、管理迁徙水禽所负的国际责任。同时，《湿地公约》还指出，每个缔约国应在湿地（不论是否已列入《名录》）建立自然保护区，以促进对湿地和水禽的保护，并应采取充分措施予以看管。《湿地公约》为军队的湿地保护工作提供了一个国际性的管理准则。根据《湿地公约》和我国湿地自然保护区的划分，划定了军队湿地保护区，作为重点管理与保护的对象。

（五）大力开展湿地恢复

湿地恢复包括湿地修复、湿地改建以及湿地重建，是指通过生态技术或生态工程对退化或消失的湿地进行修复或重建，再现湿地退化前的结构、功能以及相关的物理、化学和生物学特性，使其发挥应有作用。军队的湿地保护工作虽然起步较晚，但仍取得了一系列成效。对现有的湿地，增加保护力度；对已破坏的湿地，采用人工方式恢复和重建，以维持生态平衡。对于需进行恢复和重建的湿地，军队主要围绕湿地恢复的原则、方法、流程及具体措施展开研究，为湿地的恢复与重建积累了宝贵经验。

军队针对不同类型的湿地采取了不同的恢复策略，具体情况见表 7-1。

表 7-1 不同类型湿地的恢复策略

湿地类型	恢复的表征指标	恢复策略
低位沼泽	水文（水深、水温、水周期） 营养物（氮、磷） 植被（覆盖率、优势种） 动物（珍稀、濒危） 生物量	减少营养物质输入 恢复高地下水位 草皮迁移 割草及清除灌丛 恢复对富含钙、铁地下水的排泄

湿地类型	恢复的表征指标	恢复策略
湖泊	富营养化 溶解氧 水质 沉积物毒性 鱼体化学物质含量	增加湖泊的宽度和广度 减少点源、非点源污染 迁移富营养沉积物 清除过多草类 生物调控
河流、河源湿地	河水水质 浑浊度 鱼类毒性 沉积物 河漫滩及洪积平原	疏浚河道、切断污染源 增加非点源污染净化带 河漫滩湿地的自然净化 防止侵蚀沉积
红树林湿地	溶解氧 潮汐波 生物量 碎屑 营养物循环	禁止矿物开采 严禁滥伐 控制不合理的建设 减少废物堆积

三、建设实例

（一）黄河三角洲湿地建设与保护工程

1．基本情况

某战区黄河三角洲农副业基地（以下简称基地）位于黄河入海口附近，总面积为 118.6 万亩。该区域系黄河历次淤积退海而成，是典型的黄河三角洲地貌。地势由西南向东北倾斜，东西向比降 1/3 000，南北向比降 1/10 000。黄河故道两侧形成缓岗，呈带状分布；黄河故道之间部分形成浅平洼地，大面积形成缓平坡地。最低处海拔 1 m，最高处 8 m，平均海拔 3.5 m。基地内主要分布有 2 条近代黄河入海流路：①神仙沟，由西南向东北沿北部东界入海，全长 60 km；②刁口河，在基地范围内北流入海，全长 70 km，呈南北走向。基地内共有自然湿地、人工湿地资源 28 万余亩。区域内独特的新生湿地生态系统和丰富的咸水、淡水资源，为各种生物提供了优良的繁育场所。基地植物资源主要有柽柳、芦苇、荻、碱蓬、藜、苣苣菜、黄蒿、燕麦等；动物资源主要有野兔、鼠类、鱼类、虾类、螃蟹、蛙类及鸟类等。其中鸟类资源丰富，包括白鹳、中华秋沙鸭、金雕、丹顶鹤、大鸨、天鹅、灰鹤、白尾鹞、白额雁、斑嘴鸭、绿翅鸭、针尾鸭、赤麻鸭、大白鹭、小白鹭、苍鹭、草鹭等。

2．湿地恢复与建设措施

黄河三角洲湿地是我国河口型湿地的典型代表，它处于黄河与渤海的连接部位，是海洋生态系统与陆地生态系统的融合处，在黄河三角洲高效生态经济区建设战略中占有重要生态地位。多年来，基地致力于黄河三角洲湿地生态系统保护工作，将恢复、保护自然湿地与新建人工湿地相结合，取得了较好的效果。

（1）恢复黄河故道自然湿地，增强湿地的生态功能

神仙沟、刁口河两条黄河故道纵贯基地全域，形成 40 km 长、流域面积达数万亩的自然湿地，既是基地宝贵的湿地资源，也是生产用水的“主动脉”。但是受风沙危害、水土流失以及人为开发的影响，湿地面积逐渐萎缩。为此，基地在黄河故道两侧 100 m 范围内建立了淡水湿地保护区，营造水土保持林，对河道、护岸进行加固治理，建设引蓄水工程体系，实施湿地补水工程，建立健全水资源观测系统，区域保水蓄水率达到 80%，保土拦沙率达到 75%，水土流失综合治理程度达到 80%，有效增强了淡水湿地在蓄水供水、补给地下水和维持区域水平衡中的作用。

（2）保护沿海自然湿地，提高湿地质量

由于沿海自然湿地地域广阔，且区域内油井分布众多，故基地着重从湿地污染控制入手，保护沿海湿地资源。一是实行总量控制，通过建立管理站、控制废水排放量、生活污水集中排放等措施，提高废水排放达标率，减少向湿地排放的废水量。二是将固体废物回收利用，逐步实行无公害化处理，工业固体废物的综合利用率达到 90%以上。三是大力推广农业生态示范园和无公害农业生产技术，减少农药、化肥的施用量，为湿地恢复创造良好的条件。

（3）新建人工草原湿地，扩大湿地资源规模

基地北部区域多为含盐量 10‰以上的重度荒漠化土地，部分土地终日白茫茫一片（蒸发量大→土壤返盐→形成盐碱斑），地表仅有少量柽柳、碱蓬分布，生态环境极为脆弱。基地在充分调研论证海拔、地下水水位、水资源分布的基础上，研究并制定了人工湿地建设规划，利用 3

年时间，动用上千个机械台班，整平土地，配套沟、渠、路，完善灌排设施，引水种植芦苇，在荒碱涝洼地上建起了10万亩人工湿地。由于水资源补给充足，淡水循环稳定，现在湿地内生物种群逐年增多，不仅有鲫鱼、梭鱼、鲈鱼、黄河口毛蟹、野鸭等几十个本地物种，还吸引了丹顶鹤、天鹅、灰鹤等几十种珍稀鸟类在此栖息，形成了美丽的景观。

3．主要做法

基地湿地资源主要分为黄河故道自然湿地、沿海自然湿地、人工草原湿地三大类，其分布各有特点：人工草原湿地“点多”、黄河故道自然湿地“线长”、沿海自然湿地“面广”。基地针对湿地资源的不同特点，按照“分区管理、综合治理”的思路，分别实施湿地建设与保护工作。

（1）实施综合治理工程，防止水土流失

为有效遏制黄河故道流域的水土流失和风沙危害，基地积极实施以造林绿化为主的湿地建设与保护工程。一是利用10年时间人工造林11万亩，营造了两条20 km长、华东地区最大的人工刺槐林带，有效起到了水源涵养和水土保持的作用；成功研究并大面积推广了刺槐机械直播造林技术，有效解决了人工植苗造林速度慢等难题。二是以两条黄河故道刺槐林带为中心轴，大力实施农田林网、水系林网、路域林网“三网”绿化工程，建设“三网”防护带40 km，形成网状防护格局，彻底锁住了风沙。三是为防止海水倒侵引起淡水湿地面积减少，基地在黄河故道下游建立了碱水入侵防控区，修建拦水坝3座、泄水闸2座；建立了观测站点，科研人员定期监测地表水水质、水量、水位及周围地下水的水质、水位变化情况。四是沿黄河故道设立了湿地重点监督区，杜绝乱取土、乱挖沙的问题；修建护岸根治河床游荡变迁、塌岸和脏乱差现象；建设闸、坝、泵、渠配套的引蓄水工程体系，形成林水结合的生态景观，有效改善了沿岸的生态环境。

（2）实施生态补水工程，保证湿地功能

黄河下游面临水流量减少、水质污染等问题，而且湿地原始格局被人为打破后，原生湿地失去与黄河水的天然联系，湿地内的淡水得不到应有的供应，导致淡水湿地面积逐渐萎缩，生物多样性减少，湿地质量明显下降。因此，基地实施了4项工程加强水系建设。一是动土方1 200万 m^3 对神仙沟、刁口河2条黄河故道进行清淤改造，确保“主动脉”畅通。二是沿线修建水库 5 座，增强蓄水能力，年蓄水量达到 3 000 万 m^3。三是新建和疏浚引水干支渠 50 km、排水渠道 20 km，修建桥涵 12 座、提水闸 5 个。四是结合国家“调水调沙”工程，每年向黄河故道生态补水 1 000 万 m^3。

（3）建立生物保护区，保护生物多样性

根据湿地的生态特点和物种特性，通过调节湿地内的水位、水量、水域面积，人工种植和恢复植被等生物工程技术和措施，恢复和重建植物生境及动物栖息地，尤其对重点物种栖息地进行恢复和改善。一是进行鸟类繁殖岛建设。按照不小于水面面积 2%的比例，根据地势特点、水源条件等，在水域中建设鸟类繁殖岛，为繁殖期、迁徙越冬期的鸟类提供适宜的繁殖栖息地。二是实施植物群落建设。重点恢复与重建芦苇群落、柽柳群落、罗布麻群落以及沉水水生植被和浮水水生植被等，以满足不同生物的生存需要。三是实施野大豆保护工程。在野大豆集中分布的区域，保持原来的生境，阻断过量水的注入，进行适当的生态环境改造，为野大豆的正常生长与扩散提供有利条件。

4．主要成效

（1）生态效益

一是调节水资源的季节分配，抵御自然灾害。通过湿地系统建设，使基地天然湿地、人工湿地以及水库等水利设施建设得到加强，有效调节水资源的季节分配，增强湿地抵御旱涝灾害的能力。二是防止海水入侵，减轻土壤次生盐渍化程度，维护生态安全。通过进行湿地建设，充分发挥湿地的生态功能，“盐随水来，盐随水去”，以自身的水分运动实现盐相运动平衡，抵御海水入侵。碱水防控区建设工程在防止次生盐渍化向内陆蔓延、维护驻地生态安全方面发挥了重要作用。三是为湿地生物提供良好的生存空间，保护生物多样性。基地内依赖湿地生存、繁衍的野生动植物极为丰富，通过建设野生动物栖息地等，改善湿地植被和水生动物的生存环境，为鸟类提供稳定的栖息、中转、越冬、繁衍环境，对保护物种多样性发挥了重要作用。

（2）经济效益

一方面带动了生态旅游业发展。依托区位和资源优势，以湿地和森林为主题的生态旅游业逐步得到发展，并由此带动了餐饮、娱乐等相关服务产业的发展。另一方面提供了动植物资源。实施湿地建设与保护工程后，为当地提供了鱼、虾、蟹和芦苇等丰富的动植物资源，产生了一定的经济效益。

（3）社会效益

一是提供水资源。湿地资源的建设与保护，为基地农副业生产和居民生活用水提供了基础保障。二是提供就业岗位。湿地建设与保护工程带动了基地加工、服务等行业的发展，在解决剩余劳动力等方面发挥了积极作用。三是提供科研、教育基地。黄河三角洲独特的湿地生态系统、多样的动物种群和植物群落，为教育和科学研究提供了对象、材料和试验基地，对湿地的研究和科普教育具有重要意义。

（二）高原沼泽湿地保护工程

1．基本情况

某战区高原沼泽湿地位于长江中上游，区域总面积为 19 200 hm^2。该区域第三纪初为准平原的一部分，后地壳抬升，江水强烈切割形成中山地貌，但山顶部保存有较平缓的残余高原面。区域属暖温性高原季风气候，冬寒夏凉。年平均气温为 6.2℃，1 月平均气温-1℃，7 月平均气温 12.7℃，日照长，年日照时数为 2 200～2 300 h。无霜期年平均天数为 123 d，最短年只有 84 d，年均降水量 1 165 mm，雨量分布不均，5—10 月降水量占全年降水量的 88%，年均积雪日数为 34.6 d。湿地平均海拔为 3 200 m，高原沼泽化草甸星罗棋布，有成千上万个水质良好的地下泉眼，湿地水深由于受地下水的调节，全年均在 0.8～3 m，一年四季从不干枯，全年水深、水位较恒定。湿地已知有维管束植物 181 种，隶属 56 科、140 属。较大的科有禾本科（19 属、20 种）、蔷薇科（12 属、18 种）、菊科（7 属、10 种）、莎草科（6 属、10 种）等。动物有 10 目、28 科、68 种。

2．保护和管理措施

湿地地处海拔 3 000～3 200 m 地带，生态系统具有较高的脆弱性。由于年均气温过低，植物生长缓慢，现有草甸植被一旦遭到破坏，将导致水土流失加剧等一系列恶性循环，保护区生态环境就会恶化，很难恢复，因此保护和管理的难度比较大，必须采取降低生态系统脆弱性的综合保护对策。具体包括以下几个方面。

（1）合理规划利用水资源，保障湿地生态用水。水是维系湿地生态系统结构功能的根本因素，调节湿地的水量补给是恢复水系统生态功能、降低水系统脆弱性的基本途径。长期以来，人们对湿地生态需水缺乏科学的认识，导致流域内水资源调配不合理，要彻底改变不科学的水资源规划工作方法，必须综合考虑流域内多种需水要求，兼顾水资源的社会效益和生态效益，保障湿地水系统运动的稳定性，提高水系统对湿地生态价值的满足程度。

（2）改造加固大型水利工程，改善自然水文情势。自然状态下，水系统的连续性、周期性运动是与湿地生态系统耦合演化的主要动力过程，湿地生态水文功能的稳定性亦依赖于水系统的循环更新特征。因此，必须彻底改造现有的大型水利工程，全面满足湿地和周边驻地用水，增强湿地生态系统的抗逆性，保证湿地内外连续的水文格局，消除水文动态空间不连续对湿地水系统脆弱性的影响。

（3）防治水体污染，对湿地水环境进行生态恢复和重建。加强营区污染源治理，严格控制新污染源，建立湿地水环境监测网络，形成污染防治、监测、管理和反馈体系；借鉴国外湿地恢复的成功范例，通过生态水文过程的水质、生物结构调节，促进湿地生境更新，逐步改善湿地水体环境，以提高湿地水系统的自净能力。同时，综合考虑集水区地表水文过程引起的地表径流污染，在敏感地区建立湿地植被缓冲带，净化地表径流，缓解波动性污染负荷冲击，恢复湿地水系统对污染的缓冲能力。

3．主要做法

（1）利用驻地人员加强管理，有效保护湿地资源。保护区设立了管理小组，由定期管理人员和季节性聘用的管护人员组成。细化了保护区工作规则、保护区工作人员岗位职责等，确保各项保护管理工作落到实处。

（2）保护现有植被与人工造林相结合。在保护好现有森林植被的前提下，对径流区的荒山、荒滩实施人工造林，有效防止水土流失，避免现有湿地的毁坏、减少和消失。

（3）加强对湿地保护重要性的宣传。针对广大官兵对湿地价值缺乏充分的了解、湿地保护意识较弱的情况，通过各种途径加强湿地知识的宣传和普及是做好湿地保护的重要工作之一。

4．效益分析

保护区根据其主要生态问题提出了切实可行的生态保护与恢复策略，有针对性地对湿地进行生态环境保护，有效地防止了湿地生态功能的减退，为科学合理地利用好湿地生态资源奠定了基础。

（三）渤海湾海岸湿地保护工程

1．基本情况

某战区海岸湿地全长 86.87 km，位于丘陵与平原的接合部，地形地貌复杂多变、起伏较大。区内地形自西北向东南倾斜，呈北窄南宽之状，其中最窄处 46 m，最宽处 15 500 m。该区域处于暖温带和北亚热带过渡地带，既有暖温带气候特征，又有北亚热带气候特征。区内盛行偏东风，主导风向为东南风，风能资源较为丰富。潮汐类型属规则半日潮型，是以无潮点为中心的旋转潮波，此旋转潮波是一种前进驻波，波峰线由北向南推进。湿地动物资源丰富，鸟类有丹顶鹤、白鹤、黑鹤、白尾海雕、白腹军舰鸟、野鸭、海鸥、天鹅等；兽类有獾、刺猬、黄鼬、狐、草兔、田鼠等；鱼类有鲤鱼、乌鱼、鳗鱼、黄鳝、泥鳅；虾类有东方对虾、鹰爪虾、白米虾、龙虾等；蟹类有河蟹、梭子蟹、寄居蟹、黄钳蟹等；爬行类有乌龟、鳖、水赤链蛇、赤链蛇、青蛇、水游蛇等；两栖类有蟾蜍、泽蛙、黑斑蛙等。湿地植物资源主要为海带、紫菜、椿树、苦楮、刺槐、白蜡、芦苇、狼尾草等。

2．保护和管理措施

（1）确立湿地保护和管理的目标。近期目标：基本遏制人为因素导致的天然湿地数量下降的趋势；实施湿地综合治理措施，建立退化湿地恢复与合理利用的示范基地；通过强有力的宣传活动，在全体官兵中形成关心、重视湿地保护的氛围；通过实施《湿地保护管理规定》以及相关的湿地保护与合理利用的管理规范，逐步建立起湿地保护的政策法规体系；建立湿地管理机构和部门协调机制，为有效实施湿地保护行动提供管理保障。中长期目标：通过若干年的努力，建立起比较完善、科学、规范的湿地保护与管理体系，使天然湿地及其生物多样性基本得到有效保护，同时力争使退化湿地得到不同程度的恢复治理，使湿地能明显地发挥生态效益、经济效益和社会效益。

（2）加强水资源管理，保证生态用水。水是湿地的重要组成部分，因此必须大力加强节水建设。首先，认真搞好水资源调查规划，明确初始用水权；其次，科学确定并层层落实水资源的宏观控制指标和微观定额指标；最后，多措并举，加强水资源管理，不断提高水资源的利用效率，保证生态用水需要。

（3）防治污染，保证湿地健康。认真分析对湿地造成破坏和污染的因子及来源，配套建设污水处理站等污染治理设施，避免人为大规模破坏湿地生态系统，更好地利用和保护湿地生态系统。

3．主要做法

（1）坚持保护与恢复、治理与管理相结合。坚持“因地制宜、统筹规划，突出重点、全面保护，保护和恢复相结合，除害和兴利并举”的原则，正确处理自然保护和治理修复的关系，以及治理与管理的关系，恢复并保持良好的湿地生态系统。

（2）坚持生态效益为主，三大效益协调统一。维护湿地生物多样性及湿地生态系统结构和功能的完整性，正确对待资源环境和经济发展的关系，以及生态用水和生活用水、生产用水的关系，要以资源环境定发展，使社会经济发展和资源环境的承载能力相适应，坚持湿地生态效益第一、三大效益协调统一。

（3）坚持可持续发展的原则。正确对待和处理当代与未来、眼前利益与长远利益的关系，坚持开发与保护并重，坚持在保护中开发、在开发中保护，保护是基础，开发利用应在湿地的可承载范围内进行，并符合自然规律，实现湿地资源的可持续利用，确保湿地生态功能、经济功能、社会功能的永不退化与丧失。

4．效益分析

生态效益主要包括涵养水源、调节气候、净化空气、维持物种多样性等；社会效益是丰富的湿地资源给驻地居民创造了一定的就业机会；经济效益主要是来自养殖和捕捞，年水产品产量 53 627 t、产值 31 593 万元。

第二节 营区水体保护

一、概述

近年来，在新区建设、老旧营区改造以及营区规划中，以水为主题的景观大量涌现。由于在规划时，重点关注景观本身，而对使用后水质的变化问题认识不足，造成水体建成后水质逐年下降，尤其是夏季气温较高，光照较好，水中藻类大量增长，透明度降低，甚至产生异味，昔日的景观变成了今天的污染源。

营区的水体主要有两类：第一类是存在于营区范围之内的天然水体，如河道、湖泊、水库等，这类水体一般尺度较大，与外环境联系密切；第二类是为了营造景观效果而建设的人工水体，多为池塘、水渠等改造，一般水体容量较小，水环境相对独立。对于第一类水体，其受流域或区域整体环境的影响较大，污染防治需从流域或区域的角度综合考虑，从保护营区水环境角度出发，多从管理上采取措施，如截污控源、防止营区污废水排入水体、禁止向水体倾倒各种废物等。对河流来说，需保证水体断面不增污，即流出营区的水质不能比流入营区时差；对于湖泊，必须保证局部不增污，即保证位于营区内的局部水体水质好于整体水质。对于第二类水体，即由人工建设或改造的水体，多以景观或蓄水功能为主，其水质直接影响营区的环境质量，是营区生态环境的重要组成部分。这类水体相对较为封闭，与外环境交换少，生态系统单一，自净能力差，受环保意识和经费的限制，以往营区对这类水体的关注较少，多任其“自生自灭”，对水体容量和水质并不关注，导致此类水体多数处于富营养化状态。本节重点介绍这类水体的污染防治和水质保持。

营区水体的污染因素很多，但概括来讲，可以分为外源性污染和内源性污染。外源性污染是指由外界活动排入的物质引起的水体污染，如管理不善等原因排入的生活污水、生产废水、固体垃圾等；雨水地表径流带入的有机物及氮磷等；大气降尘所带来的污染物；再生水补充带入的污染物。内源性污染是指水体中不断繁衍的生物体累积而成的污染物，如藻类和微生物的代谢产物、死亡的生物体、腐败的植物茎叶等。在内源性污染和外源性污染的共同作用下，当温度、光照等条件适宜时，水体中藻类、微生物等大量繁殖，造成水体缺氧、透明度降低、产生异味，甚至造成鱼类死亡。

对于一般的地表水体，通常以定性和定量指标来衡量水体状况。定性指标要求水体无毒、无色、无臭、洁净，不易滋长藻类，不影响感官，具有一定的观赏性。定量指标要求水体达到《地表水环境质量标准》（GB 3838—2002）中有关功能的水质标准。

二、主要做法

水体的综合整治是一项系统工程，涉及水环境、水资源、水生态、水安全、水景观等多个方面，结合部队营区的特点，应从多方面采取综合措施。

（一）完善截污设施，减少外源污染

截污的目的是控制水体的外源污染。由于水体处于封闭、半封闭状态，水体的自净能力和环境容量十分有限，控制外源性污染物非常重要。外源性污染具有积累效应，一旦超过水体的环境容量，水质就会恶化，且恢复比较困难。新建的水体从设计阶段结合景观、给排水等专业进行综合考虑，比较容易实现污水、雨水的截留。对于现存水体，当前主要采用改造治污和排污设施来实现截污。在一些军事区域，由于流入营区的水体上往往分布许多工业企业、餐饮和地方生活污染源，这时必须联合地方政府实施流域治理，才能从根本上减少外源污染，从而改善和治理好营区被污染的水体。

（二）强化生态治理，营造和谐景观

生态治理是利用生态学原理，通过植物、微生物、水生动物的协同净化作用，增强水体的自净能力。常用的工程措施有：丰富生物多样性，如沿岸种植水生植物、在水深处设置生物浮岛、投放滤食性水生动物、采用生态型边坡和池底等，既减少水的渗漏，又与周边环境相衔接；加强水体流动，如利用地形条件或采用机械方式进行水体混合，保持水体流动，实现水体内循环；水体复氧，如采用自然落差进行跌水曝气、采用机械充氧等；增加生物总量，在水体中设置适当的生物填料，提供微生物生长繁衍的空间，促进微生物的生长代谢。生态处理方法投资少，运行费用低，本身可以形成景观，应用十分广泛。景观营造是水体综合整治的最终目的，在景观设计过程中，尽量采用与环境和水体协调的生态景观，同时将水体净化措施融入景观中，如提水曝气、生态护岸、人工浮岛、水生植物等，既可净化水体，也具有一定的景观效果，通过景观设计的手段，合理布局、精心搭配、优化组合，最终实现“水清、岸绿、安全、和谐”的生态营区水环境目标。

（三）科学用水，增加水体循环

一方面，根据营区生产、生态、绿化、消防及其他杂用水的不同需要，合理调配，优质优用。另一方面，采用清水补源的方法，使水体得到置换和流动。清水补源不仅可以补充水体由于蒸发、渗漏以及使用造成的损失，而且在有足够清洁水体的条件下，可以通过调水来改善水体的水质。调水的目的是通过水利设施（如闸门、泵站）的调控引入附近的清洁水源来改善污染水体水质。调水增大了污染水体的水量，加速水体流动，促进水体的稀释，使水体的停留时间缩短，污染水体不易滞留而导致黑臭。同时，调水时水动力条件的改善使水体复氧量增加，有利于水体自净能力的提高。调水并未减少污染水体的污染物通量，只是由于清洁水的大幅增加使污染水质得到改善。总体来说，对于污染水体附近具有充足清洁水源、水利设施较完善的营区，利用调水改善营区水体水质是一种投资少、成本低、见效快的治理方法。当清洁水源不足时，多数采用再生水或收集雨水进行补充，尤其在北方干旱缺水的营区，使用时需要遵循再生水或雨水利用的相关规定。

（四）推广先进技术，改善水体质量

藻类的生长是影响水体质量效果的主要因素之一，水体中藻类的生长是一个多因素综合作用的过程，其影响因子主要可分为营养因子、生态因子和地形因子，包括光照、水温、溶解氧、pH 及氮磷营养盐含量等因素。水体的水力条件和环境条件很难进行人为干预，因此营养因子是关键可控因素。体外循环净化就是通过循环处理，把水中的藻类、悬浮物等影响水体质量的物质排出系统，保持水体的功能。体外循环净化主要有气浮、混凝过滤、人工湿地、磁分离等技术。通过控制水体循环净化周期，可保证水体无色、无臭，并且有一定的透明度。水体循环净化方法主要用于季节性的应急处理和对水质要求高的场合。营区常采用的水体改善技术的比较见表 7-2。

表 7-2　水体改善技术比较

<table>
<tr><th colspan="2">处理技术</th><th>优　点</th><th>缺　点</th></tr>
<tr><td rowspan="4">循环净化技术（以污染物直接从水体中分离为目标）</td><td>人工湿地</td><td>建设和运行费用低，易于维护，具有良好的生态效益和环境效益，处理效果好</td><td>填料易堵塞，占地面积大，填料吸附饱和后去除效果降低</td></tr>
<tr><td>气浮</td><td>可有效去除悬浮物及胶体物质，处理效果好</td><td>系统复杂，管理要求高，废水排放量大</td></tr>
<tr><td>过滤</td><td>去除藻类、磷酸盐，降低浊度</td><td>需反冲洗，系统复杂，反冲洗水量大（1%～3%）</td></tr>
<tr><td>磁分离</td><td>占地少，运行费用低，处理效果好，可连续运行</td><td>对氮的直接去除效果不佳</td></tr>
<tr><td rowspan="3">生态修复技术（以提高水体生物净化能力为目标）</td><td>生物浮岛</td><td>成本低，制作简单，有较好的景观效果</td><td>处理速度慢，处理效果有限，受季节影响大</td></tr>
<tr><td>曝气充氧</td><td>复氧效果好</td><td>耗电量大，难以实现根本脱氮除磷，不能解决根本性问题</td></tr>
<tr><td>接触氧化技术</td><td>净化效率高，可以有效降低水体中有机污染物的浓度</td><td>温度较低时效果明显下降，不能解决根本性问题，对 N、P 的处理效果较差</td></tr>
</table>

三、建设实例

（一）航天城人工湖水体循环净化处理工程

1．项目概况

航天城人工湖建于 2008 年，设计水面面积 1.8 万 m^2，水体容积约 2 万 m^3，其功能为航天员野外救生技能训练场水上部分；采用航天城污水处理站中水处理系统产生的中水作为主要补充水源。

2．主要做法

（1）航天城污水处理站

航天城污水处理站作为航天城的配套工程，是典型的“三同时”项目，即与航天城同时设计、同时建设、同时投产运行。根据首都规划委员会和北京市环保局有关文件的指示精神，污水站建在航天城北约

1.5 km 处，占地 10 余亩，于 1998 年 6 月建成投产，当时以其良好的处理效果、稳定可靠的操作管理等优点，成为全军乃至全国的示范工程。建设之初考虑到航天城发展及空间技术研究院的需要，一期建设规模为 3 600 m^3/d；二期建设规模为 7 200 m^3/d；设计进水主要为航天城和空间技术研究院的生活污水，经二级生化处理后达标排放。

（2）中水处理系统

航天城建设初期，由于地理位置偏僻，市政给水管网尚未接入航天城供水系统，一直采地下水作为航天城的水源；随着航天城的建设和绿化美化，需水量逐年增大，对地下水的开采量逐年增加，地下水位逐年下降，出水量减少，水井增加至目前的 5 口。对此，各级领导高度重视，大力提倡节约用水，并论证水资源综合利用的潜力。

航天城有绿化面积约 70 万 m^2，参照《建筑给水排水设计规范》（GB 50015—2003）关于居住小区绿化用水定额 1.0～3.0 L/（m^2·d）计算，航天城绿化用水量为 1 400 m^3/d；依据北京市年蒸发量 1 500～2 000 mm 计算，人工湖因蒸发最大损失水量 148 m^3/d，加之因渗漏和其他原因损失，估计损失量 200 m^3/d，中水需求量共 1 600 m^3/d，中水处理系统设计中水量 2 000 m^3/d，可满足航天城及营区内的绿化用水、道路喷洒及景观补水等需求。

中水处理系统于 2008 年建成，位于航天城污水处理站内，达到标准的中水通过水泵从中水处理系统中水池提升至航天城内叉渠，供给航天城绿化和景观补水。

3．建设成效

航天城人工湖采用污水处理站中水处理系统产生的中水作为主要补充水源，其水质满足《景观娱乐用水水质标准》（GB 12941—91）。

根据水体水质不同，药剂投加量稍有变化，水质稳定后，药剂费用为 0.04 元/t 水。按每度电 0.6 元计算，日电费 725 元，日处理水量 7 200 t，则吨水电费为 0.10 元。直接运行费用（药剂费用+电费）为 0.14 元/t 水。

（二）某营区景观水体富营养化控制

1．水体环境概况

某营区位于西北地区，营区内景观水体有明显腥臭味，经监测，总氮含量为 2.58 mg/L，总磷含量为 0.51 mg/L，藻类浓度为 1.34×10^7 个/L， pH 为 7.9，浊度为 95，COD 含量为 10.9 mg/L，以上参数表明水体已经富营养化。

2．主要做法

（1）控制水体 pH

pH 低（5、6）会抑制藻类的生长，因此通过对 pH 的控制，抑制藻类的生长。实际操作中，将 pH 控制在 5 左右，藻类生长最差。

（2）选用合适的杀藻剂

利用化学杀藻剂除藻是一种效果显著、见效快、操作简单的方法，在短时间内对水体藻类有一定的控制作用，但大量使用会带来另外一些问题，如对水生生物有毒害、重金属在水体中积累等。因此，其施用范围应控制在藻类堆积区，在有限水域范围内短时使用，尽量减少和控制其毒副作用对水体的不利影响。

常用的药剂主要是硫酸铝和氯化铁。因硫酸铝的效果优于氯化铁且投加量较少，更适用于景观水，因此选用硫酸铝作为治理水体富营养化的药剂。

（3）“体外净化、循环补水”法

采用将部分景观水抽出，体外用混凝净化处理后，再回补到景观水体内的“体外净化、循环补水”方法，有效降低水体中磷酸盐浓度和藻类数量，控制富营养化。

3．水体现状

营区景观水体水质恢复如初，满足《景观娱乐用水水质标准》（GB 12941—91）。

（三）某营区湖水富营养化修复工程

1．湖水环境概况

某营区位于西南地区，湖水水质的初始总氮为 6.1 mg/L，总磷为 0.67 mg/L，叶绿素 a 含量为 0.165 mg/L，pH 为 7.8，各项指标均显示水体已呈富营养化状态。

2．主要做法

（1）构建水生动植物生态修复体系

水生植物和滤食性鱼类对富营养化水体的总氮、总磷和藻类等均有一定的净化修复效果，尤其是对藻类的抑制及去除效果显著。选用狐尾草、花鲢鱼、鳙鱼等组成的水生动植物修复体系，取得了较好的修复效果。

（2）修复运行控制方法

在水生植物和滤食性鱼类联合处理水体的小型生态系统中，随着温度升高等外界条件的变化，水生植物和鱼类都会有不同程度的死亡。因此，若出现水生植物枯黄以及鱼类死亡的现象，必须及时打捞，将植物吸收的氮、磷等营养物质随植物移出水体，防止死亡的水生动植物释放氮和磷。

3．湖水现状

湖水富营养化得到了有效控制，满足《景观娱乐用水水质标准》（GB 12941—91）。

第八章　海洋生态环境保护

海洋生态环境在我国生态环境中占有重要地位，健康的海洋生态系统和海洋环境是国家可持续发展的重要基础之一。海洋生态环境保护是国家生态保护与建设的重要组成部分。保护和改善驻地海洋生态环境、维护国家海洋生态安全是军队重要的使命和任务。军队依据国家法律法规，颁布系列规章制度，通过宣传教育、装备改进、工程建设、军地联合执法监督等手段不断加强舰船污染治理、军港污染防治、岛礁生态保护以及海防林建设，建成了一大批“生态军港”和成体系的海防林，在提升国家形象、展示“文明之师”的同时，有效地维护了国家和地区的海洋生态安全。

第一节　军港生态环境保护

一、概述

军港是专供海军舰艇使用的港口，是供舰艇停泊、补给、修建、避风和获得战斗、技术、后勤等保障的海军基地，属海军和海防的重要组成部分，是海军赖以生存、发展和作战、训练的重要依托。有供各种舰艇驻泊的综合港和供一种舰艇驻泊的专用港，还有军商合一港、军民合用港等。目前全世界有大小军港 1 000 多座，美国的珍珠港，俄罗斯的符拉迪沃斯托克、法国的土伦、意大利的塔兰托、越南的金兰湾、菲律宾的苏比克湾和我国的古镇口军港等都是世界上著名的军港。

军港通常设在具有重要军事地位和自然条件良好的海湾、岛屿及江、河、湖泊沿岸，是舰艇的摇篮、水兵的家园。基地军港人员和装备高度密集，其运行使用将不可避免地直接或间接地把一些污染物引入江、河、湖泊或海洋环境中，以致损害生物资源、危及人类健康、破坏海洋环境，从而形成海洋污染。这些污染物主要是陆源及舰艇生活污水、舰船油污水、舰船生活垃圾等。可以说，军港是军队对海洋生态环境影响的主要门户。

海洋作为人类生存和发展的资源已经被越来越多的国家意识到，其战略地位也逐步提高，随之而来的是各国都加强海军军事力量的建设，与此同时，活动于军港和海上的舰船也与日俱增，对海洋的污染也逐渐增多。因此，军港的生态环境保护是海军环境保护的重点，也是军队对海洋生态环境保护的重点之一。

我国军港对海洋生态环境的影响主要来源于海上与陆地的军事活动。据初步调查统计，位于海上和陆地活动区的污染源分别占沿海地区军事区域污染源总数的 12.24%和 87.73%，其中废水排放量最大，其次是固体废物，具体情况见表 8-1 和表 8-2。

表 8-1　海上活动区污染源分布情况统计　　单位：%

海域	污染源数量	废水排放量	废水污染负荷	固体废物排放量
渤海	0.78	0.5	0.05	0.5
黄海	1.5	0.35	0.04	1.13
东海	4.59	2.94	0.42	8.28
南海	5.37	8.54	0.64	2.18
小计	12.24	12.33	1.15	12.09

表 8-2　陆地活动区污染源分布情况统计　　单位：%

海域	污染源数量	废水排放量	废水污染负荷	固体废物排放量
渤海	20.98	25.77	93.04	26.78
黄海	31.11	11.52	1.09	26.28
东海	21.99	16.88	0.45	15.18
南海	13.65	33.52	3.28	19.67
小计	87.73	87.69	98.86	87.91

军队对海洋生态环境的污染来源主要有舰艇等军事装备的使用、保养、维修、试验产生的含油污水、特种废水和固体废物等；军事训练、演习等活动产生的废水和固体废物；军队人员驻用和生活产生的生活污水及垃圾；医疗机构产生的医疗废水和医疗垃圾；军港营区等军事设施建设、使用、维护等产生的废水和固体废物。具体情况见表 8-3。

表 8-3　军港对海洋生态环境的主要活动及影响

海域	日常活动		军事活动			医疗活动		其他活动			
	生活污水/万 t	生活垃圾/万 t	含油废水/万 t	军事废水/万 t	军事固体废物/万 t	医疗废水/万 t	医疗垃圾/万 t	工业废水/万 t	工业固体废物/万 t	围海造地/亩	采石挖沙/万 t
渤海	2 486.79	17.50	54.84	0.11	—	121.74	0.14	34.40	0.62	60	—
黄海	1 251.25	18.21	9.41	0.41	0.04	56.30	0.07	—	0.04	210	—
东海	2 095.66	14.87	27.90	0.22	0.60	45.81	0.15	—	0.62	12	—
南海	3 883.25	14.55	23.54	0.63	—	88.31	0.10	—	—	1 170	14
合计	9 716.95	65.13	115.69	1.37	0.64	312.16	0.46	34.40	1.28	1 452	14

军队活动影响海洋生态环境的关键污染源包括以下几种。

（1）舰船含油污水。主要有机舱舱底水、压舱水、洗舱水三大类，其成分复杂，除含多种油分和机械杂质外，还含有洗涤剂成分。含油量差别极大，为 2 000～50 000 mg/L。经初步调查统计，我国舰船油污水年产生量为 54 万 t 左右，处理装置安装率仅约 25%，仍有约 40 万 t 舰船油污水未经处理而直接排入大海。

（2）军事废水。包括含油废水、酸碱废水、蓄电池含铅废水、推进剂废水、放射性废水等，其年排放总量约 1.36 万 t。此类废水虽然绝对数量较少，但其毒性强、危害大、种类多、成分杂、处理相对困难。据统计，目前我国每年仅有 0.6 万 t 军事废水经处理达标后排放，其余基本直接排放。

（3）军事固体废物。驻沿海地区的军队单位训练、试验、装备保养维修过程会产生一定量的军事特种固体废物，与军事废水一样，也具有种类多、成分杂、毒性强、危害大的特点。经初步调查统计，驻沿海地区军事区域的军事固体废物年产生量约为 0.64 万 t，由于处理技术或经费等原因，绝大多数没有得到彻底的无害化处理，只进行了简单处理，甚至直接抛弃或填埋在营区陆域，对海洋生态环境质量构成潜在的严重威胁。

（4）生活污水。生活污水主要来源于军队人员日常工作生活，其污染物主要是 COD、氨氮、磷和悬浮物等，经初步调查统计，生活污水年排放总量约为 9 716.92 万 t，其中有大约 48%经过处理或接入市政管网，其余约 52%的生活污水基本直接排放，亟待进行治理。

（5）生活垃圾。生活垃圾年产生量约为 65.13 万 t，其中大约有 40%基本纳入城市垃圾处理系统，还有约 60%的生活垃圾往往在收集之后只能堆存在山坳或岸滩，而且由于常年积存，越积越多，对海洋生态环境质量造成直接损害。

目前，我国沿海地区军事区域的海洋生态环境质量整体上处于良好状态，军港水域环境质量基本能满足港口基本功能的要求。但是受军队活动，特别是大区域污染的影响，多数军事区域的水质均有一定程度的污染，其污染物主要为 COD、氮、磷、石油类和漂浮物，个别军港水域受周边地方养殖或上游来水的影响，水质劣于Ⅳ类水质标准；少数毗邻风景旅游区、自然保护区的军港局部海域环境质量仍达不到Ⅰ类海水水质标准。因此，军港生态环境保护成为海洋环境保护的重中之重。

二、主要做法

（一）大力加强海洋保护法规体系与执法能力建设

根据《中华人民共和国海洋环境保护法》等相关法律法规，结合军队特别是海军的实际情况，按照“预防为主，防治结合”的思想，军队制定了专业海洋环保规章和各项实施细则，并将海洋生态环境保护内容融入军队相关行政规章之中，形成涵盖作训、生活、设计、建设、科研各个环节的海洋环保规章体系，具体可概括为以下三类：一是海洋环保专业规章，主要有《海军军港及舰艇防止污染管理规定》《海军军港环保设施建设标准》等；二是海洋环保工作制度、规定、规范，主要有《海军军港监督环境监测工作规范》《海军军港监督监测通报制度》《海军舰艇油类污染物记录簿登记制度》《海军舰艇油污水排放申报程序》以及各军港环境保护部门制定的实施细则等；三是其他行政法规中的海洋环境保护条款，主要有《舰船通用规范——环境控制系统》《中国人民解放军海军舰艇条令（试行）》《海军舰艇技术管理工作条例》《海军军港管理条例》《海军军舰出国访问工作暂行规定》和各军港“港章”中的环保条款。通过这些法规，规范军队污染物的排放行为，规定各单位、各部门在海洋生态环境保护中的权利和义务。

在执法环节，《中华人民共和国海洋环境保护法》明确了军队环境保护部门在军事海域中的环境执法权，军队据此成立了三级军港监督环境监测站来履行国家赋予的职权，经过长期的探索，已逐步建立起了适合我国国情的军队海洋环境执法体系，其内容主要包括海军舰艇污染的监督管理及污染事故的调查处理、军队所辖水域的监测和监视。军队在海洋环境执法中综合或选择性地采取诸如定期检查、定期巡查、定点观察、不定期检查等多种方式，具体方法主要包括以下几种。

一是军内联合执法。在早期海洋环境执法中，借助军队中权威部门的威信，可尽快树立起环保部门的海洋环境执法权威。例如，与司令部的军务部门、政治部的组织部门、后勤部的战勤部门等单位进行联合执法，已被实践证明是一种行之有效的执法方式。

二是军地联合执法。由于军队环境保护部门对直接、间接向军港排污的地方单位不具有执法权，军民合用港的污染问题一直是困扰军队环保部门的难题之一。实践证明，通过与地方环保部门、公安部门采用联合执法的方式，借助他们对地方单位的执法权威，能够有效解决地方单位污染军港水域环境的问题。

三是实施跟踪检查制度。利用舰艇防污文书，对舰艇油类污染物排放实施跟踪检查。军港环保部门通过定期或不定期检查《海军舰艇油类污染物记录簿》的登记情况，跟踪检查舰船油污水的去向，全过程地了解舰艇油类污染物的流转情况，及时发现问题，可有效地促进舰船油污水申报排污工作的开展，减少违章排污现象。

四是坚持海军军港监督环境监测通报制度。通过建立军港监督环境监测通报制度，对无法使用经济处罚手段的建制部队的一般性污染事件和违章行为进行通报批评，达到规范官兵排污行为、提高官兵环境意识的目的。

五是建立军港环境执法巡查制度。建立《军港环境执法检查记录簿》，由军港监督环境监测站和军港管理所每天定期和不定期派人到码头进行巡视，对小的违章事件及时进行纠正并记录在案，由军港环保部门对较大的违章事件或多次发生违章的单位进行处理。

六是组织综合性环保执法检查。抽调各单位环境执法人员，组成联合执法检查组，依法检查军港水域内有关组织和个人履行环保法律法规的情况，检查各项环境管理规章的执行情况，对违反规章的行为依章处罚，对违法行为报请有关部门追究其法律责任。

七是建立环保投诉网络监督机制。通过在舰艇部队的环保志愿者中聘请军港环保监督员、设立环保投诉热线电话等辅助性措施，形成覆盖军队各个军港的群众性监视网络，有效解决军港环境执法人员少，无法对军港、舰艇实施全面、连续的监视，客观上形成了很多监督执法空白点的问题，为及时有效执法创造有利条件。

（二）积极推进舰艇油污水治理

防治舰艇油污水污染一直是军队保护海洋生态环境的重点工作，军队已建立了适合我国国情、军情，以舰艇自身处理设备、港岸接收处理站、接收处理船（车）为基础的舰艇油污水接收处理体系，并初步形成了应对军港内发生小规模溢油事故的应急能力。

在解决舰艇油污水常规排放产生的污染方面，军队研制出符合舰艇特点的小型、高效、优质的舰用油污水分离装备，满足了舰艇航行时水中油含量不超过 15 mg/L 的排放要求，并研制出军港岸上油污水接收处理系统和移动油污水接收处理装备，实现岸、海全方位接收处理，解决了舰艇在靠泊、锚泊状态下油污水的排放问题，使经处理排放的舰艇油污水中油含量小于 10 mg/L，达到了中国近岸港口海域油污水的排放标准。

军队在防止军事活动和设施相关油类作业污染，尤其是舰艇溢油污染方面进行了一些探索。一是在舰艇的设计和建造方面注重科学和安全，严格执行国家、军队的标准和规范，实行了环保审查制度；二是加强军事行政管理，促使舰艇部队认真执行舰艇维护、使用、管理方面的一系列规章制度，确保舰艇处于良好的状态，降低溢油污染的风险；三是形成了在军港水域应对小规模溢油事故的能力，在各军港配备了围油栏、吸油毡、消油剂、撇油器等防污器材，同时利用军港油污水接收处理车（船）兼有的清除溢油污染的功能，以作战部门为中心，军港环保、油料、部队为骨干，建立了小区域（军港内）溢油应急反应体系。

（三）广泛开展海洋生态环境保护的宣传教育

为提高广大官兵的环保意识，海军提出了“环境要保护，宣传要先行”的理念，时至今日军队海洋环保工作的发展也证明了环境宣传在军港环境保护中所起到的催化剂作用，并逐步形成具有军队特色的军港环境宣传策略，即面向决策者的提高性宣传与面向公众的普及性宣传相结合，日常性宣传与大型主题宣传相结合，鼓励性宣传与警示性宣传相结合，知识性宣传与实践性宣传相结合，从而实现多层次、全方位、持续性的环保宣传效果，具体如下：

一是抓好顶层环保宣传，提高环保决策水平。军队在军港环境宣传中，把各级领导作为首要宣传对象，通过聘请知名环保专家举办环保知识讲座，宣传新的环保理念、技术，利用《军港监督环境监测通报》向其反馈军队军港环境现状、存在问题等，取得各级领导对军港环保工作的关心和支持，逐步形成“部队主官抓环保”的局面，从而提高军队领导层的环境保护意识，使其在工作中想到环保，并协调军事与环境的关系，实现军事决策中的可持续性。

二是做好军事活动环保宣传，树立环保形象意识。军队环保应围绕军队中心工作进行。军队舰艇是流动的国土，每一艘出访舰艇都是中华人民共和国主权的体现，代表了中国形象，展现了中国军人的风采。军队出访舰艇在环保上将面临《73/78国际防止船舶造成污染公约》、到访国（港）的环保法规以及特殊海域（如禁排区）等限制，走出国门的军队舰艇环保做得如何，将直接影响中国军队的荣誉。为此，军队环保部门对出访高度重视，事先收集、整理出访编队途经海域、国家的环保法规和特殊要求，邀请国家船舶防污监管专家介绍国际海洋环境保护的形势和国际环保惯例做法，组织技术人员检查环保装备（文书）、发放环保宣传材料，协助编制、演练“舰艇油污染应急计划”等。通过这种针对性宣传教育，不仅提高了出访编队官兵的环保意识，使出访编队的防污管理工作更加科学、合理、规范，为树立中国海军的环保形象奠定良好基础，也提高了所在军港、部队的环保水平。舰艇集中训练演习是军队舰艇部队的中心工作之一，然而大量集训、参演舰艇的集结和行动，往往大大超出军港防污保障能力和集训海域环境承载力，需加强针对性宣传，对演习海域生态环境特点提出具体的保护性措施，规范参演官兵的行为，避免或减少对军港环境的污染。

三是开展大型环保主题活动，强化官兵的环保责任意识。利用世界环境日等重要环保纪念日，开展诸如知识竞赛、文艺晚会、知识讲座等形式的大型主题宣传活动，其声势大、信息强度大的特点，往往可以为官兵的训练和生活添彩，吸引官兵的注意力，增强官兵的参与欲望。明确的主题、绚丽的色彩、丰富的知识、高强度的灌输，在短时间内即可在官兵心中树立起“爱舰、爱港、爱海洋”“爱护军港环境，减少人为污染，从我做起，人人有责”等观念，强化其环保意识。

四是坚持经常性环保宣传教育，不断提高官兵的环保自觉意识。“铁打的营盘，流水的兵”，军队的特点决定了军队必须成为一所大学校，军队的环保宣传也必须面对一茬又一茬的新人。通过广泛、长期、多样的环境保护宣传教育，采取诸如橱窗、板报、广播、录像、环境警示教育等方式，以潜移默化、润物细无声的宣传方式作为大型宣传活动的延续、补充，强化大型主题活动建立的环保观念，使官兵从图文并茂的环境宣传教育中得到启发，受到自我环境教育，增强保护环境的自觉性，使广大官兵逐步完成从提高思想认识到自觉参与军港环境保护工作的转变。

五是发挥环保舆论的监督作用，强化官兵的环保法规意识。军队各级军港监督环境监测站成立之初，就把监督执法工作放到重要位置，建立了港区巡查制度，在军港配备“军港监督艇”，公布举报投诉电话，实行了“军港监督环境监测通报”制度，以各军港管理所的军港管理人员为主，吸收驻港单位人员参加，建立了军港群众性监督网络。对于比较严重的违章事件，发现一起，通报一起。通过通报正反两方面的典型案例，达到“通报一个，教育一片；表扬一个，带动一片”的目的，使舰艇部队广大指战员的遵纪守法意识明显增强。

六是组织公益性环保活动，增强官兵环保参与意识。军港环保宣传还可以实践的形式走入生活，走近官兵身边。通过组织贴近部队生活、参与性和示范性强的典型公益性环保活动，引导官兵参与军港环保，使其在参与中体会、感悟环保的真谛，明白环保其实就在我们身边，哪怕只是少向港内扔了一个空烟盒，也是保护军港环境的善举，从小到大，从身边到社会，以自发、自觉的行动保护军港环境和海洋生态环境，形成“莫以善小而不为，莫以恶小而为之”的环保风尚，培养良好的环境伦理道德规范，从根本上防止军港污染的发生，不断提高军港环境质量。

三、建设实例

（一）上海某基地军港生态环境环保工程

近年来，上海某基地军港把军队环境建设与生态环保有机结合，以监督执法为保证，以污染治理为重点，以环境监测为依据，立足现有条件，拓宽思路，不断加强军港及舰艇污染防治工作，在海洋生态环保上取得了一些成绩。

1. 完善执法机制，变“一家管”为“大家管”

基地军港的污染源主要是陆源及舰艇生活污水、舰船油污水、舰船生活垃圾等。每年由舰艇部队产生的油污水约 5 000 t、生活污水约 72 000 t、生活垃圾约 3 000 t。根据《中华人民共和国海洋环境保护法》赋予军队环保部门的职责，基地军港环保部门建立了经常性军港及舰艇防止污染的监督检查制度，坚持每月不少于两次巡视淞沪港各点，重点检查《中华人民共和国海洋环境保护法》和《海军军港及舰艇防止污染管理规定》的执行情况、军港水域排污口的水质状况，纠察违规排污倾废行为，对舰艇部队的《海军舰艇油类污染物记录簿》逐一进行检查，掌握油污水的产生数量和去向，为油污水的接纳与处理提供第一手材料。

基地建立了“军港监督环境监测站—港点军港管理所—舰艇部队”三级监督网络，发动广大基层部队共同参与管理，变“一家管”为“大家管”。军港环保部门还利用《军港监督环境监测通报》，对检查中发现的问题及时进行通报批评。

为加大《中华人民共和国海洋环境保护法》和《海军军港及舰艇防止污染管理规定》的宣传力度，增强舰艇部队官兵的海洋环保意识，每年“6·5”世界环境日都要举办演讲比赛、知识竞赛、环保征文、板报评比等形式多样的宣传活动，让广大官兵了解海洋、热爱海洋，有效地提高了官兵的环保意识。中央电视台和上海东方电视台先后来基地拍摄以军港及舰艇环保为题材的专题片《军港环保卫士》《军港环保兵》，对基地军港环保工作进行了广泛宣传，推动了军港环保工作的开展。

2．控制污染源头，拓展治理手段

舰艇油污水的接纳处理是军港及舰艇污染治理工作的重中之重。基地军港环保部门十分重视这项工作，建立了舰艇油类污染物接纳处理规程，建立健全了舰艇油类污染物管理规定和申报排污制度。一方面，军港环保部门结合例行军港监督检查，查看《海军舰艇油类污染物记录簿》的登记情况，掌握、分析、预测舰艇油污水的产生情况，督促配备油污水分离器的舰艇确保设备处于良好的运行状态。另一方面，当舰艇出海归来，军港环保部门及时登舰，了解舰艇油污水的数量，对需要接纳的舰艇，及时组织人员进行接纳处理。每年集中接纳处理油污水 3 500 t，占生产总量的 70%，形成了陆上处理站、码头接纳处理车、水上接纳处理船三位一体的全方位、全过程接纳处理，基本杜绝了舰艇违章排污现象。

开展舰艇垃圾分类回收并引入舰艇生活垃圾生化处理技术，是军港基地为保护海洋环境和军港环境采取的又一有力措施。在上级业务机关的支持和舰艇部队的配合下，基地根据舰艇生活垃圾中大部分是有机垃圾的特点，引进了生活垃圾生化处理技术，分别在吴淞和虬江军港建成全军范围内首座舰艇生活垃圾生化处理站，每天可各处理有机垃圾超过 500 kg，处理后垃圾减量达 95%，剩余 5%的残渣可作为绿化肥料。

3．加强监测能力，科学开展监测

近年来，军港监督环境监测站立足保护军港水域环境质量，对淞沪港水域环境定期组织监测化验。一方面，环境监测站对军港水域环境进行监测，技术人员按规定科学布点并采样，对所采水样进行认真分析，并依据数据对水域环境质量做出评价。另一方面，环境监测站对军港水域的陆域污染源排放口定期进行监视监测，掌握排污量、污染物种类和危害程度，对严重超标的陆域污染源及时向有关部门反映，提出治理整改意见和方案，并做好跟踪监督检查工作。

4．改善驻泊条件，提高军港环境

基地军港环保主管部门本着“以人为本”的港区环境建设思想，围绕“布局合理、港容整洁、环境优美、秩序井然、保障有力”的军港生态环境建设目标，多方筹集近 300 万元经费，利用吴淞军港 1～4 号码头后方防汛墙改造的机会，新建了一块 11 000 m^2 的适合舰艇部队休息、活动、训练的都市军港生态绿地，美化、绿化了军港环境。上海作为国际化大都市，是外国军舰来访的首选之地。基地军港环保部门从 1997 年起实施外事防污染保障工作，为做好外舰来访期间的防污染保障工作，制定了外舰来访军港防污染保障预案，对外舰污染物接纳处理的每一个过程都进行了细化。1997 年以来，基地军港监督环境监测站圆满地完成了对美国、英国、法国等 25 个国家共 56 批次外军舰艇（编队）访问上海的军港防污染保障工作。在保障过程中，基地军港监督环境监测站的环保人员都登上外舰检查有关环保设备和文书资料，积极向外国官兵宣传我国、我军的环保法规，为外舰接纳油污水约 1 200 t、生活污水约 5 000 t、生活垃圾约 1 000 t，赢得了外国舰艇官兵的赞誉。2003 年年初，根据军委总部机关安排，美国军方环保代表团专门来吴淞军港进行环保技术交流。

未来几年，基地将在吴淞军港再建 1 座舰艇油污水处理站，改造虬江油污水处理站，并配备相应的接纳回收管路系统。同时，基地将在吴淞军港、虬江军港建立军港及舰艇生活污水接纳回收系统并纳入市政管网。通过抓好特种污染源治理，力争把基地军港建设成污染少、能耗低、资源保护利用好的节能型、生态型的绿色军港。

（二）三亚某军港生态环境环保工程

三亚某军港周边有部队、工厂、学校、宾馆等大小单位几十家，常住人口数万人。开展环保治理前，军港和周边单位每天产生近 2 万 t 污水，且通过管道直接排放到港里，长年累月的污染使港内水体失去自我净化能力，水质恶劣，能见度低，严重影响了官兵的工作、训练和生活。自 2009 年起，在国家有关部门、军委总部和海军各级党委的大力支持下，“平安军港”环境专项治理工程正式展开。这项工程涉及 3 个营区，面积近万亩，既有生活污水治理，又有舰艇油污水和医疗污水治理；既有营区排水管网，又有码头污水岸接收集系统；既有污水处理船，又有雨水收集设施、中水回用设施和大型提升泵站等。该工程点多面广、技术复杂，顶层设计和工艺技术选型十分关键。

首先，海军军港监督环境监测部门发挥专业优势，制定了治理建设方案，确保工艺技术先进可靠，运行管理简便，投资和建设规模合理，各类污水全收集、全处理、零污染排放。

其次，针对涉及单位多、污染来源复杂、治理区域大等特点，该军港从工程初始就摸索建立了一条军民融合的道路，明确了开展一场军地携手的围剿战。海军某基地、友邻兄弟部队和地方政府分别成立了“平安军港”领导小组，建立互访机制，定期召开协调会，及时通报情况，共同商议解决方案，军地双方围绕“平安、和谐、净美、发展”的目标共同开展军港环境治理。军地双方还分别投资建设了各自所辖区域内的污水治理工程，实现了海军部队营区生活污水全部零排放。在污水处理系统的管理和运行上，海军还注重借助地方的专业技术优势，军民融合，共治污水。每季度，海军营区环境监测站都会主动将港区水样和污水处理站出水水样送到地方环境监测中心站进行检测，随时掌握水质变化情况。同时，海军还把建成的一些治污设施交给地方管理，实现了“部队建、地方管”的治污方式，不仅节约了部队的人力，也便于地方职能部门总体掌握和监控城市污水处理情况，实现了军地双赢，效果十分明显。

最后，时刻树立环保意识，克服困难搞治理。军港地质条件复杂，流沙、珊瑚礁及高地下水位给施工带来巨大难题。按照工程设计规划，官兵需要在珊瑚礁上掘出 8 m 深建造一座污水提升泵站。这些历经千万年沉淀的珊瑚礁非常坚硬，挖掘机的斗齿挖下去往往只留下一个白点。由于施工地点靠近市区和学校，不能使用炸药，官兵硬是用风钻一寸一寸地钻出了一个优质工程。管线铺设的精细度要求高，每放一根管线，都要拿着卡尺仔细丈量，确保零误差。官兵们克服各种困难，共铺设各类污水管线 2.7 万 m，改造雨水管沟 7 900 m，新建检查井 785 座。

军港地处热带地区，港内潜艇每天都需要进行淡水喷淋保养，加上营区绿化灌溉用水，每年需要耗费大量自来水。现在，通过采用再生的中水，每年可节约用水 18 万 t，节省经费数十万元。

以往，从军港周边海域打上来的鱼、蚝等有臭淤泥味，无法入口。现在，军港周边水清鱼肥，打上来的野生苏眉、石斑等鱼类和贝类在市场上供不应求。优美和谐的环境也促进了官兵观念的转变，环保意识明显增强。经过 3 年的军港环境治理，这座百年老港成为了闻名遐迩的“生态军港、和谐军港、平安军港”。

第二节 军队适用岛礁生态环境保护

一、概述

20 世纪 80 年代，《联合国海洋法公约》（以下简称《公约》）出台，导致新一轮世界海洋大分割，打破了海洋传统制度的平静，岛礁价值暴涨，成为世界海洋的聚焦点，突出反映在两个方面：一方面，岛礁决定着国家的海洋权益。国家的海洋权益是由国际法确定的，我国执行“直线基线法”，用一组直线作为划分海区的标准，称为领海基线，而每段领海基线是由两个基点所定。基点的位置与分布圈定了国家主权海域和管辖海域的大小，决定着国家海洋权益的范畴与多少。由于岛礁孤伸海中，远离大陆，不仅具有重要的战略地位和巨大的财富，而且是基点的最佳选择。我国的领海基点几乎都设定在岛礁上面。另一方面，岛礁身价跃升。《公约》规定岛礁像其他陆地领土一样拥有领海、毗连区、专属经济区和大陆架，但规定“不能维持人类居住或其本身的经济生活的岩礁，不应有专属经济区或大陆架”。依据《公约》，从领海基线算起，沿海国有权包括 12 海里领海、24 海里毗连区、200 海里专属经济区以及最多可以延伸至 350 海里的大陆架。此外，即使一个“弹丸”岩礁，不管有多大，不管能否维持人类居住，也可拥有它的领海和毗连区，即获得 1 500 km^2 的领海海域。前所未有的巨大利益，便是诱发沿海国家疯抢海洋岛礁和引发普遍的岛礁主权争议的真实动因。由此可见，岛礁体现了国家主权和财富，是一个非常特殊的区域，具有很高的资源经济价值和军事价值，对维护国家海洋权益具有重大意义。

目前，我国一些近大陆海域的岛礁有常住人口或移民，这些岛礁主要是生态保护区或旅游景点。远离大陆海域的大部分岛礁，主要是依靠国家军事力量来进行保护。国家派军队对岛礁进行驻守、开发与建设，或设置领海基点和前哨，但由于岛礁生态系统脆弱，一旦岛礁的自然性受到破坏，其周围水域的海洋水动力也将发生变化，从而导致岛礁被侵蚀甚至消失。从国家领海和主权而言，这将是巨大的灾难，因此岛礁的生态环境保护成为军队保护海洋生态、维护国家权益的又一个重要任务。

二、主要做法

保护岛礁生态环境，主要走军民共同保护的道路，通过实施保护、科研、合理开发利用等措施，保护岛礁生态系统的物种多样性，保护岛礁的自然资源，对岛礁进行可持续的开发利用。具体措施主要有以下几个方面。

（1）规范岛礁经济资源开发，严禁挖岛造塘等无序开挖岛礁的破坏性活动。理顺相应行政部门之间的关系，退塘还原岛坡植被，加速宜林地造林，尽快恢复生态环境。采用生态渔业与增殖高新技术，建设渔业种质资源保护基地，兴建渔民生产生活设施，促进渔民转产转业，发展生态渔业与水产增养殖。

（2）规范岛礁旅游市场，搞好生态旅游规划。岛礁海洋保护区的自然景观是理想的旅游胜地，通过合理开发，可以增加收入，有助于增强保护区的自养能力。在开展无居民海岛旅游开发活动时，要求登岛游客必须填写接受管理规定保证书；旅行团上岛前必须到管理部门登记，并填写接受管理规定的保证书，说明上岛人数、停留时间、主要活动内容等。此外，还可以通过控制潜水游客的人数来保护近海珊瑚礁及海洋稀有生物。

（3）加强岛礁海洋保护的科学研究，提高保护能力。建立岛礁物种基因库，开展遗传科研，引进良种，保护濒危动植物；建立岛礁海洋保护区，形成集保护、科研、教育、合理开发利用于一体的示范基地；保护珊瑚礁生态系统，研发珊瑚礁修复技术。目前珊瑚礁遭到了严重破坏，因此修复珊瑚礁生态系统是当务之急。

（4）通过对岛礁立法、监测、执法等措施，加强生态管理。加强岛礁及周围海域的资源开发与环境保护的立法，开发和利用海岛应当采取严格的生态保护措施，不得造成海岛地形、岸滩、植被以及海岛周围海域生态环境的破坏，且必须向当地海洋行政主管部门提出申请，当地海洋行政主管部门受理，并根据有关法律、法规和海岛保护与利用规划提出初步审查意见后，报当地人民政府批准，方可进行海岛的开发和利用。建设“岛礁海洋保护站”，负责对岛礁进行日常监护与管理。

（5）加强岛礁保护宣传教育，提高资源保护意识。通过电视轮播、悬挂横幅、张贴标语、通告等形式，向广大基层干部和渔民群众讲解岛礁的现状、危机以及保护意义，提高对岛礁生物资源保护重要性的认识。

（6）建立岛礁生态循环经济，减少对岛礁资源的索取及对岛礁环境的破坏。对于军队驻守或军民共驻的岛礁，主要是人的生产生活对其生态环境造成影响，可建立生态循环经济模式，开发绿色能源，发展低碳经济，利用热带太阳能和风能资源丰富的优势，通过太阳能、风能发电示范项目，推进岛礁绿色能源建设，并与海水淡化相结合，建设海岛低碳生态经济区。最大限度地节能、节电、节水、节材，并对垃圾和污染物进行处理，减少污染排放。

三、建设实例

西沙群岛某岛礁由军民共同驻守，地貌主要由珊瑚礁礁坪以及其上发育的灰砂岛构成。该岛面积较小，植被覆盖率低，植物种类极为匮乏，组成比较简单，共 27 科 30 种，均为非保护植物，岛礁生境相对严酷，其生态环境敏感，易受到破坏。20 世纪 70 年代以前该岛礁盘上长满了珊瑚（据估算，珊瑚覆盖率在 80%左右），种类也甚多，海洋动物十分丰富。

20 世纪 70—90 年代，受渔民海洋捕捞、炸礁等行为的干扰，该岛礁盘上珊瑚生长区域严重缩小，并呈点状分布。自 80 年代以来，由于自然环境和人为开发破坏等原因，岛礁侵蚀问题越来越严重，1977—2005 年，该岛的岸线轮廓发生了非常明显的变化，仅仅在 2003—2005 年这短短两年多时间内即发生了较为明显的改变。由于海水侵蚀严重，鸟类繁殖地面积也逐渐压缩，加之渔民的破坏和干扰，使上岛产卵的鸟类和绿海龟数量明显减少，繁殖失败率升高。

针对岛礁目前的生态环境问题，驻岛部队采取了以下保护措施，取得了一定的效果。

1．防岸线侵蚀工程措施

驻岛部队在岛礁上的泻湖西南口门建设了一条堵堤，以减小潟湖落潮水流对岛礁的冲蚀，在现有南防波堤的西侧建设了拦沙堤。在该岛的西南侧建设了离岸堤，以达到拦沙或减少波浪的作用，营造珊瑚沙易于沉积的环境，进而稳定岸线、防止珊瑚沙流出。

2．岛屿的生态功能区划及保护措施

驻岛部队结合该岛的生态现状，对其进行了生态功能分区，主要分为岛屿生活和建设服务区、岛屿军事服务区、岛屿保护区。岛屿生活和建设服务区包括部队的营房、菜园、军港和码头，是驻岛部队主要的生活区和建设区。这个区域的主要功能是保证驻岛部队生活，以及提供必要的后勤保障和军事保障。该区域海拔高，是最适宜植物生长的地区，因此驻岛部队在此区加大了人工引种的力度，增加了植被的种类和覆盖面积。在安静处建设了一个小型淡水池，供鸟类饮水，并为鸟类提供一些食物（如粟米、花生等），尤其是在台风天气，可以减少鸟类的死亡。猫和狗理论上都捕食鸟类，尤其是雏鸟（如燕鸥的雏鸟），狗还可能干扰甚至伤害上岸产卵的海龟，因此驻岛部队有意识地在 3—8 月减少狗出营门的次数，如果出外巡逻，必须和战士们一起；同时妥善喂养，使其免于饥饿，防止其捕食野生动物。岛屿军事服务区在岛屿生活和建设服务区及岛屿保护区之间，包括人工林、靶场等地，是部队进行军事训练、巡护岛屿的主要场所。巡护道的路线规划综合考虑了岛屿安全防护和生态保护的需要。岛屿保护区包括了岛上的泻湖、大部分原始植被覆盖区域、海龟的产卵区域、燕鸥的繁殖区域，以及其他鸟类的栖息场所，属于生态保护区。该区尽量保持原貌，尤其是保留了部分潟湖，保证了潟湖和海水的交流。

3．污染的治理

该岛修建了雨水、洗浴废水和养殖废物收集设施，经处理后用于菜地浇灌、施肥，在一定程度上实现了废物的资源化，提高了驻岛部队的生存力。

4．管理措施

该岛礁所属水警区利用海洋博物馆和各种媒介，对部队、渔民进行了生态资源保护重要性的宣传教育，提高了驻岛人员及其他人员的生态环保意识，确保了环保措施的贯彻实施。针对绿海龟、珊瑚和鸟类的保护，驻岛部队制订了一系列的规定以加强管理。在绿海龟保护上，规定在绿海龟繁殖的季节（即每年 6—8 月）减少渔民礁上作业；同时对渔民开展教育，加强教育监管；杜绝偷盗绿海龟蛋、捕杀绿海龟等行为；

禁止人员晚上靠近绿海龟产卵场；对高潮线以下的窝内绿海龟卵进行人工转移，防止海水对卵的损毁，提高孵化率；保护绿海龟产卵地的地貌和植被。在鸟类保护上，规定在繁殖季节（即每年 3—8 月）严禁捡鸟蛋和捕杀鸟类；禁止人员靠近燕鸥繁殖区域。在珊瑚礁生态保护方面，规定禁止携带炸药炸鱼；禁止捕捞幼参、稚仔鱼，禁止翻转礁块，摧残鱼虾和贝类的卵苗；禁止挖取蚌壳、采集珊瑚。

第三节　海防林建设

一、概述

沿海防护林（即海防林）是防护林分类中的一种，指沿海以防护为主要目的的森林、林木和灌木林。其中，沿海基干林带即沿海国家特殊保护林带。海防林的建设对于沿海地区在防灾减灾、维护生态、美化景观、促进农业生产等方面发挥着极其重要的作用。

（1）防灾减灾。由于海防林网的弹性缓冲作用，能够将灾害性的暴风雨危害减小或化解。例如，2004 年印度洋海啸中，泰国拉廊红树林自然保护区在广袤的红树林的保护之下，岸边房屋完好无损，居民生活未受到大的影响。而与它相距几十公里、没有红树林保护的地区，村庄、民宅被海啸夷为平地，70%的居民不幸遇难。这样的例子在我国也有。2003 年第 7 号台风“伊布都”登陆广东，恩平市横陂镇的 10 km 海堤在约 300 hm^2 红树林的保护下平安无事，而另外 5 km 没有红树林保护的海堤被狂风巨浪冲毁。2008 年 9 月 24 日，第 14 号强台风“黑格比”掠过珠海，珠海市九洲港被毁的水泥海堤的长度为 766 m，总长 1.5 km 情侣路内毁坏的水泥钢筋海堤长度为 460 m;而位于澳岛西北部的大澳围、东涌、西涌、石井湾一带，由于有红树林的保护，1.1 km 长的五闸门土质海堤、防护栏、木栈道、房屋等均完好无损。我国沿海地区通常经济较发达、人口较集中，气候多变，台风暴雨、洪涝干旱、风沙海雾、低温干热等自然灾害频发。随着经济社会的发展和全球气候变暖，台风、风暴潮等自然灾害发生的频率将会越来越高。因此，加强沿海防护林体系建设，增强沿海地区抵御自然灾害的能力，具有重要的现实价值和长远意义。

（2）维护生态。海防林对生态环境的积极影响包括：①防风固土。在海防林网的保护下，由于林带的屏障与摩擦作用，能够有效地降低风速或改变风向，减少水土的流失，阻挡沙尘暴，起到保护堤岸、保障农业及城乡建筑、保障道路安全的作用。一条疏密结构的防护林带，其迎风坡面防风范围能够达到林带高度的 3～5 倍，背风面则可达到林带高度的 25 倍，在防风范围内风速能降低 20%～50%。②涵养水源。海防林能够对沿海地区的水源进行有效改善。通过凋落物和根系作用下的土壤蓄水功能，海防林能有效提高沿海地区的蓄水能力。③保护生物多样性。海防林的建设能够使当地物种缓慢恢复到被破坏前的状态，可有效改善森林生态环境，为各种生物提供更好的生存栖息空间，同时增加的树种能够吸引许多其他新的物种，使生物多样性缓慢增加，使沿海地区的森林生态系统更加稳定。④净化大气。海防林能起到吸毒滞尘、净化环境的作用，可有效吸收二氧化碳与各种有害气体（如二氧化硫），并释放出氧气，有效地改善了沿海地区的空气质量。据测定，森林中的二氧化硫含量比空旷地要少 15%～50%。同时，某些特殊树种的分泌物具有杀菌作用，能够有效地减少空气中某些有害细菌、真菌的数量。

（3）美化景观。海防林织就的绿带犹如一条长龙，盘踞在绵延万里的海岸线上，成为一道独特的风景线。对于沿海城市，海防林提高了植被覆盖率，绿化了城市、美化了环境、改善了生态，与蓝天大海交织构成了一道美丽的风景，有的海防林区还成为旅游风景名胜区，实现了生态建设与经济建设的可持续发展。

（4）促进农业生产。在林网的保护下，农田的表面风速能够有效地降低，从而使林网内的农作物、果树以及土表蒸发蒸腾出来的水分能够在近地层滞留更长的时间，减少蒸发、增大湿度，更加有利于各种农作物及果树的生长。沿海防护林会对其附近的总辐射产生影响，并且因为乱流交换的原因，会使热量收支的各个分量发生明显变化，能够有效减轻林网内高温灼伤与低温冻伤所带来的伤害。同时，沿海防护林还能起到“温湿交替、水热互补”的效果，这对处于防护林保护区域内的农业生产十分重要。

海防林是我国沿海地区的绿色屏障，也是我国正在建设的十大生态屏障之一。军队对海防林的建设也非常重视，充分认识到海防林不仅能防御海洋自然灾害，更为重要的是海防林还能为军港码头、基地构筑物提供很好的隐蔽环境，是构造安全海疆的重要力量。军队在沿海地区部署的军港码头、基地广泛种植海防林，参与构建海啸和风暴潮等自然灾害防御体系，构筑军事安全防护林。

中华人民共和国成立以来就十分重视沿海防护林的建设工作。20 世纪 50 年代初期，沿海地区开始大规模营造海岸防风固沙林，山东半岛、辽东半岛和华南沿海等地区就开展了沙质海岸造林绿化技术研究以及“红树林”防浪林的试验，引种了杨树、刺槐、黑松和木麻黄等树种，在沙质海岸营造防风固沙林，取得了巨大成果，基本上控制了风沙危害。20 世纪 80 年代中期以后，全国沿海防护林体系建设工程被列为国家重点防护工程建设项目。沿海各地陆续开始进行人工造林和对红树林天然次生林的保护。1988 年，国家计委批复了《全国沿海防护林体系建设总体规划》，这标志着全国沿海防护林体系建设工程正式启动。经过十余年的建设，工程区面貌发生了根本性的转变。为适应新时期建设的需要，2001 年国家林业局又编制完成了《全国沿海防护林体系建设二期工程规划（2001—2010 年）》，二期工程建设正式启动。2004 年，印度洋海啸发生后，党和国家领导人对沿海防护林体系工程建设做了重要批示，国家林业局又组织开展了沿海防护林体系建设二期工程规划修编工作。2007 年，国务院批复了《全国沿海防护林体系建设工程规划（2006—2015 年）》。至此，海防林工程建设范围扩大到沿海地区 11 个省、5 个计划单列市的 334 个县（市、区），总面积达 43.83 万 km^2，工程建设取得了初步成效。

沿海防护林体系建设工程浩大，涉及我国主要沿海地区，虽以国家建设为主，但全军上下无不注重海防林的建设，涉及军队港口、基地、军事区的海防林体系，均有专门的部队进行建设和维护。军队沿海防护林工程总面积为 300 万亩，属军队生态建设重点项目，2007 年经国务院批准纳入全国沿海防护林工程规划。2009 年，在全国专项投资建设计划中，赋予军队首批完成 5 万亩沿海防护林建设的任务，主要是在沿海军队管理使用的区域植树造林、建设基干林带和实施红树林保护工程。原总后基建营房部经与国家有关部门研究后确定，由海军驻海南某基地、原南京军区某防空旅、原沈阳军区某坦克乘员训练基地和海上训练场共同承担首批工程试点任务。此外，军队 300 万亩沿海防护林工程按计划在 5 年内完成。

二、主要做法

军队海防林的建设，在确保军事安全与伪装、隐蔽等军事需求的基础上，兼顾与国家沿海防护林主体工程建设相协调。具体可归纳为以下六个方面。

（一）搞好工程建设规划，打好可持续发展基础

沿海防护林体系建设工程是一项长期、宏伟的建设工程，必须有一个长远的规划目标。军队海防林建设应根据全国沿海防护林体系建设的长远战略规划，结合军事需求，制定建设规划，从有效发挥海防林的军事功能和生态功能出发，把资源保护管理纳入工程建设的内容，使海防林体系工程建设成果得以保护，为工程建设可持续发展奠定基础。

（二）加强宣传教育，提升海防林建设认知度

海防林是沿海营区建设的“生命林”和“保安林”，对改善营区环境，保障官兵作训、生活和学习，维护国土生态安全具有重要的军事意义。因此，应加强沿海防护林体系建设的宣传教育，通过网络、电视、报纸、宣传片等多种形式，加强对海防林建设重要性的宣传，不断提高广大官兵建设海防林的意识和热情。不仅要宣传海防林体系在改善生态环境、防灾减灾、促进经济社会发展、实现军事战略意义等方面的巨大作用，还要宣传海防林有关法律法规，进一步提升官兵对工程建设的认知度，增强其参与工程建设的自觉性，切实营造良好的氛围。

（三）完善相关政策和法规，建立协调机制

海防林体系工程建设是一项长期的事业，需要有持续的法律和政策环境的支持。首先，应完善相关政策，军队要与各级人民政府统筹协调，加强规划、国土、林业、农业、渔业、水利、交通等部门之间的沟通与协作。其次，军队应尽快出台营区海防林建设相关条例和规章制度，为营区海防林工程建设的可持续发展提供良好、持续的法律和政策环境。

（四）加大资金投入，确保建设质量

军队应加大海防林建设资金投入，并积极获取中央和地方财政资金

支持，合理制订建设标准和投资预算，尤其是要增加红树林保护与恢复以及海岸基干林带的建设投入。军队要广泛吸纳地方政府和社会力量的支持，多渠道资金投入，逐步加大海防林建设的资金投入力度。

（五）强化科技支撑，提高建设水平

军队可充分利用高等院校和科研院所的技术优势，重点解决红树林引种驯化、高效防护林体系配置、低效防护林改造、困难立地造林等方面的技术难题。可以在沿海营区设立科技示范试点建设，总结推广新技术，加强种苗培育，加强造林技术培训，优化树种配置和结构，加强交流，多学习借鉴地方和国外的先进理念和经验，切实提高沿海防护林质量和防护功能。

（六）严格监督管理，巩固建设成果

军队要严格执行军内外有关法规和部门规章制度，有效控制占用、征用海防林地的行为，尤其对军事需要和生态区位重要的宜林地。军内要加强组织领导，应设专门的机构和人员严格落实海防林的建设和管理工作。加强监测，设立定点观测站，对工程建设成果实行定期监测，及时掌握有害生物危害、森林火灾、人为破坏等情况，为海防林的建设和科学管理提供依据。

三、建设实例

海军某基地位于海南省。海南岛四面环海，海岸线长达 1 528 km，沿海防护林是海南生态安全的第一道防线，在防风抗灾、护岸固沙、维护生态、美化景观等方面有着重要的作用，是海南岛的“海岸卫士”。但是，受自然灾害和人为的影响，2006 年以前，海南岛海防林带宽缩小 616 km，占海防林长度的 55.7%，退化老化、残缺不全的有 689 km，占 78.7%，海南省出现了大面积的湿地沙化，削弱了海防林抵御台风和自然灾害的能力，致使沿海群众频频受灾。2007 年，海南省掀起一场规模浩大的海防林保护战，动员全省上下共建海防林，计划利用 3～5 年的时间完成海防林的建造任务，使沿海防护林得到恢复和发展。

10 年前，提起该基地管辖区海岸线的沙滩，给人留下的印象是“沙埋墙顶，风起不见天”的景象，给基地官兵正常生活、工作和训练带来了诸多不利的影响。为改善驻地生态环境、共筑生态安全屏障，基地积极响应国家和海南省大力建设海防林的号召，把海防林建设纳入基地全面建设规划之中。首先，基地成立了海防林建设领导小组，对基地海防林建设任务、目标、范围和责任进行了具体的分解和明确。其次，结合基地周围生态环境特别是植被现状，聘请海南省林业厅有关专家和技术人员，在总结海南省海防林建设的经验和教训的基础上，制定了《××××基地海防林建设方案》，方案一方面对基地内既有的海防林进行整合改造以提高其生态稳定性和功能，另一方面对基地造林和海防林体系建设进行了合理规划。最后，基地每年安排数万元经费，组织力量，采用集中突击建设和稳步推进维护保养相结合的方式，大力开展植树造林活动和海防林建设维护。

经过基地全体官兵的不懈努力，目前，基地已形成长 5 km、宽 1.5 km 的黑松沿海防护林带，郁郁葱葱的沿海防护林像一道绿色“长城”，守卫着这片美丽的海疆。漫步沙滩，驰骋环海路，山、海、林交融的美景让人心旷神怡。沿海防护林不仅带来了生态环境的改善，也成为该基地生态营区建设的一部分，为官兵们提供了环境优美的营区家园，极大地满足了官兵战备、训练、工作和生活等多方面需求。

第九章 支援地方生态建设

支援地方生态建设是军队生态环境保护的重要组成部分。军队始终坚持把支援地方生态建设作为服务大局、践行军队宗旨的实际行动，始终坚持把支援地方生态建设作为遂行多样化任务的重要内容，通过统一思想、加强领导、明确责任，积极请缨、勇挑重担、认真组织，在全民义务植树、京津绿色屏障工程、长江防护林建设工程、西部大开发生态保护建设、荒漠化治理等方面发挥了突击尖兵作用，为推动国土绿化、建设生态文明做出了突出贡献。

第一节 概述

多年来，全军官兵响应党中央、国务院、中央军委的号召，在完成战备执勤、教育训练等任务的同时，成建制、大规模地支援国家及驻地重点生态工程建设，重点参加了北方干旱半干旱地沙化区、黄土高原水土流失严重区、长江中下游大江大湖周边区、青藏高原江河源头区、京津风沙源区等区域的生态建设和保护工作，发挥了生力军和突击队的作用，为国家环境保护事业做出了重要贡献。

全民义务植树运动开展 30 多年来，全军和武警部队累计投入兵力 3 890 多万人次，义务植树 5.6 亿多株，飞播造林 9 870 多万亩，为绿化祖国、改善环境、构筑国土生态安全和应对全球气候变化做出了突出贡献，赢得了各级政府和人民群众的高度赞誉。全军先后有 1 100 多个单位及个人受到国家表彰，120 多项重点生态项目被省级以上人民政府命名为示范样板工程。

原北京军区以防治内蒙古和京津周围地区沙化土地为重点，开展“4561”工程，即建设4个10万亩以上的生态训练基地、5条京津防沙林带、60片万亩以上防风固沙生态林和100个义务植树基地，受到了驻地政府和人民群众的广泛赞誉。原兰州军区所属部队承担的大沙沟荒山绿化工程、青海“三江源”自然保护区生态建设工程、新疆环塔克拉玛干沙漠防风固沙林带工程、陕西百条小河流域生态环境治理工程等重点生态建设项目，都已产生了很好的生态效益。青海省果洛军分区在海拔4 000 m 永冻层上成功营造万亩人造林，创造了在特高海拔高原人工植树的奇迹，使黄河源头生态环境得到明显改善，被青海省命名为“黄河源头生态工程”示范林。原成都军区所属部队承担的重庆百万民兵绿化长江大行动、西藏“一江两河”流域防护林建设，以及成渝高速公路文明线、川藏文明运输线、云南千里文明边防线的“三线”生态项目建设，都在当地产生了巨大影响。贵州省军区关岭县人武部带领民兵在喀斯特石漠化地区成功造林12万多亩，开创了世界同类地域植树成活的先例，被全国政协人口资源环境委员会、全国绿化委员会等国家六部委授予“全国关注森林组织奖”。空军部队常年担负支援地方飞播造林任务，在地面情况复杂、缺少导航设备的情况下，进行超低空、全载重地飞播造林，在大西北播出了一条长达400 km的绿色长廊。

“十二五”期间，全军和武警部队以创建资源节约型、环境友好型社会为目标，进一步加大支援地方生态建设和植树造林力度，积极参加义务植树、三荒治理、林草保护、防沙治沙等工作，主动承担造林绿化建设中的突击性任务，为推动国土绿化、建设生态文明做出了应有的贡献。

第二节　主要做法

一、融入全局，积极参与

几十年来，军队始终严格落实党中央、国务院、中央军委的决策部署，始终坚持把支援地方生态建设作为服务大局、践行军队根本宗旨的实际行动，始终把支援地方生态建设作为锤炼部队过硬作风、强化军魂意识的重要手段，始终坚持把支援地方生态建设作为遂行多样化任务的重要内容。每年军队各级组织都会专题研究支援地方生态建设的具体事宜，并把“爱护生态环境、投身生态建设”作为部队思想政治教育的重要内容之一，引导官兵在思想上高度重视，在行动上广泛参与，不断增强官兵支援地方生态建设的使命感和责任感，以主人翁精神投身于祖国生态建设的伟大事业中。

二、主动请缨，勇挑重担

生态建设，特别是生态环境遭到严重破坏、自然环境条件恶劣的生态建设是一项长期、艰巨的任务，往往需要几代人甚至几十代人的不懈努力、刻苦攻关才能完成。军队充分发挥“特别能吃苦、特别能战斗”的光荣传统，本着“急难任务积极承担、艰险任务勇于承担、繁重任务常年承担”的原则，主动请缨，勇挑重担，组织全体官兵、广大民兵积极投身于生态建设主战场。从“三北防护林”到“长江防护林”建设，从北疆荒漠化防治到西南地区石漠化治理，从渤海碧海工程到全国各地小流域综合治理，都有军队连续奋战的身影。

三、发挥优势，集中突击

支援地方生态建设涉及面宽、工程建设点多、任务艰巨，动用部队、装备、工具量大，组织协调较为困难。为此，军队充分发挥自身的政治、组织、纪律等优势，成建制集中大量兵力，实施连续的突击作战，确保了建设任务的顺利开展和圆满完成。一是充分发挥部队组织健全、指挥高效的优势，切实加强支援地方生态建设的组织领导。原四总部、各军区和军兵种以及各部队单位成立了相应的“支援地方生态建设领导小组”，各级首长、领导亲自挂帅，亲自上阵，靠前指挥。从原总部机关到基层部队均建立健全了指挥协调、技术指导、政治工作等各类组织，各级领导经常深入一线检查指导，协调解决人员、经费、物资、油料等方面的问题。二是发挥部队纪律严明、管理严格的优势，扎实抓好支援地方建设工作。实施分区、分片、责任到人的管理体制，按照组织分工，将任务目标层层分解，落实到具体单位、部门和人头，切实做到各单位有责任区、人人有指标等，并在建设过程中通过形势分析、情况讲评和通报、及时督促整改等方式，确保支援建设工作全面、深入地落实。三是发挥部队善于突击、敢打硬仗的优势，保质保期完成重大支援工程建设任务。在支援地方生态建设的战场上，军队认真研究和规划支援建设工程，集中兵力、财力和物力，实施万人大会战、大决战等，确保了各项支援建设任务的圆满完成。

四、优化模式，确保效益

坚持军民联合作战是我党我军的优良传统，是军队战无不胜的重要法宝。改善国家生态环境，任务重、投入大、技术要求高、困难问题多，只有充分发挥军民团结的政治优势，才能更好地凝聚军地双方力量，加快建设步伐，提升综合效益。几十年来，军队不断探索军民融合建设、提高生态效益的方式，初步形成了四种典型的模式。一是军地集中建设模式：采取政府规划区域、国家地方提供资金、部队突击挖坑植树、地方承包种植保活的方式。例如，2008—2012 年每年 4 月下旬，军队都会联合内蒙古自治区在商都县组织万人集中开展 7～10 天的植树活动，建成 5.5 万亩植树基地，形成长 12 km、宽 3 km 的防沙林带；2013 年，再次联合自治区在集宁地区启动了 6.5 万亩大型义务植树基地建设。二是分片包干治理模式：采取军地共筹资金、签约包干治理、承包使用权 50 年不变的自主经营方式。例如，内蒙古杭锦旗人武部组织民兵预备役人员，建成 10 万亩生态经济林，形成引导当地农牧民治沙带致富的循环经济链条，涌现出了“全国防沙治沙十大标兵”王中强等先进典型。三是吸引地方企业投入的模式：例如，阿拉善军分区以大漠戈壁特有的“胡杨哨兵精神”吸引深圳证券交易等地方公司，联手共建“青年世纪林”和“生态建设暨国情教育基地”，带动国内一批优质高端企业加盟，百名企业家出资成立了“阿拉善 SEE 生态协会”，为治沙绿化赢得长期财力支撑。四是部队为主、地方支持的军事区域造林绿化模式：积极争取地方资金和技术支持，在军事区域大力开展造林绿化、防沙治沙和污染治理工作。

第三节　建设实例

一、京津绿色屏障建设支援——“4561”工程

（一）京津地区面临的生态威胁

京津地区的生态威胁主要有以下四个方面：一是沙尘暴。京津地区的沙尘暴问题日趋严重，北京市尤为突出。京津风沙源区东西横跨近700 km，南北纵跨 600 km，行政范围包括北京、天津、河北、山西、内蒙 5 省（区、市）的 84 个县（旗、市），土地面积 26 万 km^2，沙化土地面积 8.1 万 km^2。位于北京上风向的内蒙古浑善达克沙地和乌盟后山、河北坝上、山西北部等沙化土地是北京的主要风沙源，大风汇集后卷起的滚滚黄尘，严重威胁京津地区的生态环境。沙尘暴天气还会造成严重的风害、沙积害、风蚀、环境污染和许多次生灾害，使灾区蒙受巨大损失。二是水资源枯竭。京津两市当前仍以自产水资源为主，但由于当地水资源不断减少，入境水量比例正逐年增大。目前，京津地区水资源短缺、总量不足，地区分布不均衡。“十五”以来京津地区连续干旱，上游来水量下降，河流入境水量日趋减少，出现连续枯水段。而且，随着水资源的不断开发利用，也带来了如水体污染严重、地下水位下降、生活用水被挤占等一系列生态环境问题。三是荒漠化。据北京 1995 年荒漠化土地普查与监测资料表明，北京现有沙漠化土地 24 万 hm^2，主要分布在平原地区。京津周围山区土层贫瘠，土质疏松，一旦遭遇暴雨，极易产生水土流失。北京市山区面积中，水土流失面积达 6 640 km^2，占山区面积的 62%，土壤侵蚀模数年平均为 1 600 t/km^2。山区雨季还经常发生泥石流，造成洪水泛滥，对植被保护非常不利，裸露地面增多，干旱化和荒漠化加剧。四是空气质量问题。城市空气质量问题在京津城市密集区较为普遍。由于以煤为主的能源结构和郊区乡镇工业迅速发展导致排放大气污染物增加，加之荒漠化的不断发展，特别是近年来不断发展的机动车尾气污染，已成为大气环境中又一重点污染源，主要污染物是二氧化硫、氮氧化物、一氧化碳、TSP。通过大力开展大气污染防治工作，城市空气质量问题已大有好转，但市区颗粒物浓度却一直居高

不下，大气污染呈现复合型、压缩型特征。

（二）“4561”工程概况

根据军委总部和原北京军区党委关于参加支援西部大开发的指示要求，从 2001 年开始，“十五”和“十一五”期间，原北京军区部队启动实施以内蒙古中西部地区为主战场的“4561”生态工程建设，主要参与完成“四点、五线、六十片、一百个基地”建设任务，分为防沙治沙工程和绿色屏障工程两大部分。通过 5 年时间初步建成防沙治沙和绿色屏障基础体系，再经过 5 年努力，实现“工程项目指标化、沙漠治理植被化、防护林带屏障化、重点造林规模化、育苗种植科学化、管理抚育规范化”的“六化”目标。其工程内容主要包括以下几点。

1．绿化“四点”

绿化“四点”即在军队直接管理区域内 4 个规模较大的风沙危害地造林绿化。分别是：在原北京军区某合同战术训练基地，植树造林 1 万亩、110 万株，恢复草原植被 4 万亩，治理沙丘 10 万亩，计 15 万亩；在某集团军康保训练基地建设防护林带 2 万亩，种草 2 万亩，植树造林 1 万亩，计 5 万亩；在军区某地炮靶场治沙造林 3 万亩；在原北京军区某军马场，植水土保持林 3.1 万亩、防风固沙林 2.5 万亩、水源涵养林 3 万亩，种草治沙 1.2 万亩，退耕还林还草 1 万亩，围封天然草场 6.2 万亩，计 17 万亩。“四点”共计治理沙荒 40 万亩，由驻地负责完成建设，附近部队、驻训部队支援。

2．建设“五线”

建设“五线”即建设 5 条阻挡风沙入侵京津的生态林带。在丰宁大滩和多伦之间建造一条东西走向、乔灌草结合的防风固沙林带，计 22 万亩；在张家口沿坝头一线建造一条以针叶林为主的防风固土林带，计 20 万亩；在桑干河上游河谷风口地带建造一条乔灌搭配的防风固沙林带，计 20 万亩；在河北怀来经张家口至呼和浩特公路干线建设一条防风护路林带，计 30 万亩；在呼和浩特到二连浩特公路沿线建设一条防风防沙林带，计 10 万亩。“五线”共计 102 万亩。“五线”建设由地方政府制定规划，提供必要条件，部队集中使用兵力参建，参建方式有兵力支援、工程承包、军民合建等。

3．治理“六十片”

治理“六十片”即在内蒙古沙化地区建成60片防风固沙生态绿地。各军分区牵头，以旗（县、区）人武部为核心，组织部队和民兵、预备役人员，成建制参加当地防沙治沙、植树种草等活动。共建成60片、每片5万亩的生态圈，总面积300万亩。60片生态圈划区建设，多点连片，形成规模效益。“六十片”建设由内蒙古军区联合地方人民政府统一规划组织，有关旗（县、区）人武部负责实施。

4．创建“一百个基地”

创建“一百个基地”即在部队驻地附近创建100个义务植树基地。有条件的团队在驻地附近建成一个500亩以上的义务植树基地，集中落实每人每年3～5棵的义务植树任务。同驻一地的单位实行连片建设。全区共创建义务植树基地100个，植树总面积5万亩以上。“一百个基地”建设由各单位自行组织实施，各大单位负责与地方政府统一协调，并组织验收。

（三）主要成效

2001年以来，原北京军区坚持以“4561”工程牵引军事区域三荒造林和支援地方生态建设，全区先后投入部队和民兵预备役人员150多万人次，投入车辆25万台次，植树种草、治沙造林和围封抚育绿化资源400多万亩，4个大型军事区域沙地荒滩披上绿装，草原湿地林木更显生机，不少地方多年未曾见到的野兔、石鸡等野生动物重新回归。呼和浩特、丰宁、多伦、大同、张家口5条阻挡风沙入侵京津的生态林地已基本建设完成，发挥了重要作用；规划的内蒙古沙化地区60片生态圈和全区团以上单位100个义务植树基地创建任务已超额完成，达到裸露沙地植被化、植树造林规模化、重点工程示范化、管理抚育规范化的良好效果，涌现出一大批在全军乃至全国很有影响力的标志性工程。宣化炮兵靶场造林工程获“全国青少年绿化祖国优秀青年绿化工程”和“全国部门造林绿化400佳单位”等多项荣誉，杭锦旗人武部被评为“全国防沙治沙先进集体”，红山军马场被国家命名为“全国生态环境保护教育示范基地”。原北京军区曾被国家表彰为“造林绿化先进军区”，2008年北京奥组委发来贺信，称原北京军区“4561”生态工程是维护首都生态安全的创举，原军区部队是建设奥运绿色家园的生力军。2011年原北京军区被表彰为“国土绿化突出贡献单位”，原军区环保绿化委员会办公室被授予“全国绿化先进集体”荣誉称号。

“4561”工程的实施不仅取得了直接的生态效益，还提高了生态屏障建设的综合效益。一是有力地促进了军政、军民的团结。把推进生态屏障建设的过程作为凝聚民心、团结民众、创建和谐的过程，每一次植树造林活动，都发动地方政府机关、部队和民兵预备役人员进乡入户，宣传党的民族政策，开展双拥共建活动，结对扶贫帮困，进一步密切了军政、军民关系，增强了军政、军民团结。生态屏障建设的每一个行动都受到当地人民群众的欢迎。二是有力地提高了部队完成多样化军事任务的能力。部队坚持把生态屏障建设作为提高完成多样化军事任务能力的重要途径，每一次植树造林活动都以军事行动方式组织，熟悉边境地区的地形环境，完善边境军事行动方案，锻炼部队连续作战的过硬作风和英勇顽强的战斗精神。地方政府和军分区、人武部以此为契机，快速组织动员演练，提高了国防动员能力。三是有力地促进了地方经济社会的发展。军民融合推进北疆生态屏障建设，带动了当地林业、牧业、旅游业等行业向多层次、多品种、多效能方向转变，灌木原料林、灌木饲料林、经济林快速发展，人造板、箱板纸等产业规模迅速扩大，种苗、花卉、森林食品、中草药栽培、野生动植物驯养繁殖以及森林生态旅游业迅猛发展，成为转变经济发展方式和提升经济实力的新亮点，农牧民收入稳步增长。四是有力地促进了生态文明建设。经过多年的不懈努力，国家生态安全战略和生态综合治理建设规划部署在北疆得到有效贯彻，生态恶化趋势初步遏制，生态功能逐步恢复，特别是保护环境的基本国策深入人心，生态文化进入乡镇、进入军营、进入家庭，爱护生态、尊重自然、人与自然和谐等理念逐步成为新的社会风尚。

二、兰州南北两山绿化支援工程

（一）兰州南北两山环境特征和主要的生态威胁

兰州市位于陇西黄土高原的西部，是我国地形第一阶梯——青藏高原向第二阶梯——黄土高原的过渡地区。兰州市南北两山范围包括兰州市黄河南北城关区、七里河区、安宁区、西固区的山地。其前山，南山东起大青山，西至芦草山；北山东起小牛圈沟，西至沙井驿，总面积

12 309.1hm^2。1999 年国家批准实施了南北两山环境绿化工程项目，项目总规划面积为 80 万亩，涉及城关、七里河、安宁、西固、永登、榆中、皋兰共 7 个县、区。项目区南起七里河区七道梁，北至兰州市中川机场；南山东起榆中县定远镇，西至西固区河口乡八盘峡；北山东起城关区青白石乡张儿沟，西至西固区达川乡达家沟，包括七道梁、九州台、皋兰山、仁寿山和徐家山等主要山系。

兰州南北两山属于黄河中上游干旱、半干旱黄土丘陵沟壑区，地形起伏，沟壑纵横。海拔在 1 530～2 129 m，除桃树坪、华林坪、彭家坪、柳沟大坪等少数平台外，大部分地区为梁峁和侵蚀沟坡，坡度一般在 25°～40°，阳坡少数沟谷坡度在 50°以上。兰州南北两山水土流失严重，土壤侵蚀剧烈。土壤多为黄土母质上发育形成的灰钙土。南山多为暗灰钙土和典型灰钙土，北山多为淡灰钙土和红砂土，部分地区山体基础岩石或红土裸露。大部分地区土层较为深厚，表层土壤质地疏松、干旱贫瘠，土壤 pH 为 7.5～9。自然植被类型多为干旱生型灌木和草本植物，常见的有本氏羽茅、铁茅、铁杆蒿、茵陈蒿、黄蒿、冰草、芨芨草、阿尔泰紫菀、黄蓝矶松、骆驼蓬、苦紫菀、小叶锦鸡儿、野枸杞、红砂等。从兰州市大砂坪向北出发，便是南北两山大沙沟绿化工程支援区。对于大沙沟，当地的民谣这样唱道：大沙沟，大沙沟，山是和尚头，沟里水不流，十年九不收。随手抓起山区一把土，轻轻一搓，便化成了细细的沙粒和灰尘在风中散去。这里的土有个专有名词，叫湿陷性黄土，盐化、碱化、沙化十分严重，往地里挖下去 50 m，找不出一丁点水分。雨势稍大下大一点的雨，土坡就像沙丘一样向下塌陷。该地区降水稀少，蒸发量大，气候干旱，立地条件差，生态环境恶劣。土地贫瘠，土壤有机质含量低，盐碱含量高，植被稀疏，生态脆弱，有“拉羊皮不沾草”之说。在南北两山植树造林难度极大，人们形象地形容为“栽活一棵树比养活一个娃娃还难”。

（二）原兰州军区绿化基地支援南北两山绿化工程概况

原兰州军区大沙沟绿化基地位于兰州市皋兰县忠和镇境内，毗邻 109 国道。基地现有绿化面积 8 300 亩，分为 44 号、47 号、48 号、49 号 4 个管护林区，承包管护期为 70 年。种植区山高坡陡，大部分地域坡度在 30°以上，区域内年均降水量 150 mm，平均蒸发量 1 500 mm，年均气温 11.2℃，全年平均日照时数 2 446 h，无霜期 185～200 d，年平均风力在 5 级以上。该地区常年干旱少雨，植被稀少，水土流失严重，土壤盐化、碱化、沙化十分严重，治理难度很大，植树难以成活。2000 年 3 月，为了贯彻落实中央军委支援西部大开发的号召，改善驻地生态环境，原兰州军区在兰州市皋兰县境内承包了 5 200 亩的荒山坡地，承担起兰州市南北两山面积最大的荒山绿化任务。10 多年来，原兰州军区机关和参建官兵先后投入人力 20 万人次、机械车辆 10 万台次，在 30°以上的山坡上平田整地，挖坑造林，累计种下了各类树木 20 多种、1 800 多万棵。目前树木生长旺盛，绿化植被覆盖率达 90%以上，管护区真正成了兰州市南北两山绿化工程的“窗口示范”单位。

经过多年的探索，原兰州军区总结出了荒山水平沟蓄水造林技术、三水造林技术、多种节水灌溉技术、“树穴换表土”造林技术等。荒山水平沟蓄水造林技术是根据不同的土壤条件，采用水平沟、水平台和鱼鳞坑相结合的方式蓄水，较好地收集了天然雨水，减少了水土流失和水分蒸发，既起到了蓄水保墒的作用，又尽可能地保护了原有植被，有效地提高了干旱地区苗木的成活率。三水造林技术主要解决驻地干旱少雨和集水、保水、补水难的问题。集水：以整地措施为基础，形成有效的集水面收集雨水。保水：树穴覆膜，既有利于集水，同时也有效防止了地面蒸发，起到了很好的保墒作用；另外，覆膜后，增加了局部温度，相对延长了苗木生长期，促进了植物生长。补水：在严重干旱时期，利用附近水源或集蓄的雨水对苗木进行补水，确保苗木成活。根据不同的地形条件，采用了滴灌、喷灌、窝灌相结合的多种灌溉方式，既节约用水，又增强了绿化效果。在苗木栽植中，采取“树穴换表土、表土做肥”，坚持乔、灌、草相结合的科学种植方式，增强了植被的自我调节能力。通过以上行之有效的措施和办法，提高了林木对水分的有效运用，减少了人工灌溉水量，改善了土壤环境，提高了树木综合抗性，达到了降低管护成本的目的，有效提高了苗木的成活率和林区覆盖率。

（三）主要社会、生态环境和经济成效

原兰州军区绿化基地是贯彻落实党中央关于治理水土流失、改善生态环境以及国务院提出的以“加强黄河、长江中上游地区、风沙区、草原区”为重点的生态环境治理区域，是团中央、全国绿委、水利部、国家林业局在全国开展“保护母亲河行动”和甘肃省“十大生态环境”建设的重点工程，是兰州市南北两山绿化工程的“窗口示范”单位。10多年来，原兰州军区机关和参建官兵不畏艰难、持之以恒、改善生态的精神和取得的显著成绩在国内外引起了强烈反响，产生了良好的社会效益和政治效益。基地建成后，朱镕基、曹刚川、万国权等党和国家、军队的领导人先后视察基地建设情况，并给予高度评价和充分肯定；中央电视台、《解放军报》等新闻媒体多次对基地进行宣传报道。绿化基地2005年被原四总部评为“全军绿化先进单位”，2010年被原兰州军区表彰为“西部大开发先进单位”，2011年1月被原兰州军区联勤部表彰为“保障打赢、服务部队十佳单位”，曾多次被甘肃省、兰州市人民政府评为“绿化先进单位”和“拥政爱民模范单位”，2011年3月被全国绿委、人力资源和社会保障部、国家林业局授予“全国绿化先进集体”荣誉称号。

据调查统计，绿化基地林区每年蓄水量为104万t，林区涵养水源的经济价值约为52万元，每年可减少流入黄河的泥沙约1.2万m^3。绿化基地能有效调节和改善驻地气候，测定表明，在炎热夏季，能有效降低地表温度3～5℃，提高空气湿度7%～14%。防风沙、改善驻地生态环境和净化空气效益明显，林区合理地搭配高矮、疏密适度的林带，有较大的防风效果，其有效范围是树高的15～20倍。林区植物生长进行的光合作用可吸收大量的二氧化碳，释放大量的氧气，对改善兰州市的空气质量起到了积极的作用。据测定，林区每年可净化的空气约为50万m^3，生态环境效益十分明显。

兰州市是甘肃省的政治、经济、文化中心，也是西北交通通信枢纽，第五个国家级兰州新区的建设，对促进我国东西部交流合作具有重要意义。绿化基地正处于兰州市新区及中川机场的经过路段，该项目的实施和建设，能有效地改善兰州市的生态环境和投资环境，具有良好的社会效益，对宣传军队支援地方建设、支援西部大开发和促进生态文明建设起到了积极作用。

三、百万民兵绿化长江行动

（一）三峡重庆库区基本情况

重庆位于西南地区东部，东西长 470 km，南北宽 450 km，辖区面积 8.24 万 km^2。东邻湖北省和湖南省，南接贵州省，西面、北面与四川省相连，东北角与陕西省交界，是长江上游的经济中心、西南工业重镇和水陆交通枢纽。长江在重庆境内全长 665 km，全年水资源总量为 640.2 亿 m^3。重庆森林覆盖率排在全国第 15 位，人均森林面积 1.26 亩，低于全国人均 1.98 亩的水平。重庆的道路与水系绿化是薄弱环节，与国家标准分别相差 27.1%和 24.2%。特别是三峡库区伏旱严重，受土壤、气候条件等方面的影响，林木成活率低，造林成本高，库区生态形势较为严峻，绿色生态屏障尚未建立。

三峡库区是整个长江流域中生态最为重要和敏感的地区，存在诸多世界级生态难题。三峡工程建成后，生态基本保持稳定，但总体呈现脆弱态势。三峡库区的植被覆盖率低，库区生态屏障核心范围内的森林面积为 162.89 万亩，森林覆盖率仅为 22.2%。库区水土流失严重，流失面积高达 2.6 万 km^2，每年直接流入长江的泥沙约 5 340 万 t。库区地质灾害频发，为滑坡、坍塌、泥石流多发区。沿江两岸植被破坏较大，水源涵养能力减弱，大坝蓄水后，水体污染严重，江河自净能力降低。

（二）百万民兵绿化长江工程概况

三峡重庆库区是中国生态环境最为敏感的脆弱地区之一，地形地貌多样，水土流失严重，生态环境建设与保护任务十分繁重。2000 年年初，重庆警备区主动向重庆市委、市政府请缨，参加三峡库区生态环境保护和建设工作。警备区会同市林业局共同研究制定了“绿色通道”工程实施方案，决定以点变线，以线带片，使片片荒野变成绿色通道。2000 年 3 月，警备区和重庆市绿化委员会、重庆市林业局联合下发了《关于在全市开展“百万民兵绿化长江大行动”的通知》，要求各区县人武部结合驻地实际，积极发动民兵预备役人员，扎实抓好长江两岸绿化、荒山荒地绿化、退耕还林还草、现有林地保护、营区绿化美化五大工程建设，由此拉开了警备区“保护母亲河、绿化长江岸”大行动的序幕。2009 年，重庆市委、市政府做出了实施长江两岸森林工程的重大决定，利用

10 年时间全面绿化 665 km 长江。作为驻重庆地区部队，警备区始终以强烈的使命感和责任感，动员组织全区官兵和广大民兵预备役人员自觉地投入绿化长江活动中，利用 3 年时间组织发动 100 万（人次）民兵参与建设活动，长江干流及重要支流两岸 23 个区县人武部及预备役部队，平均每个单位完成绿化面积 1 万亩，累计不少于 29 万亩。警备区重点参加长江沿岸的植树造林绿化工作，恢复林草植被，防治水土流失，突出打造长江两岸“万亩民兵生态林”“百里柑橘长廊”等“百万千万工程”示范基地。其他单位按照就近就便原则，积极支援长江沿岸绿化建设，合力提高三峡库区的生态环境质量。

2010 年 5 月 26 日，警备区在巴南区文化公园举行“百万民兵绿化长江”启动仪式，原总后基建营房部部长、国家森林防火指挥部副总指挥、原成都军区联勤部部长、重庆市副市长以及警备区首长等军地领导出席启动仪式并参与植树活动，为“百万民兵绿化长江示范林”揭牌。沿江人武部和预备役部队同步开展了植树活动。

（三）主要成效

绿化长江功在当代，利在千秋，不仅是地方党委和政府的建设目标，也是人民子弟兵的神圣职责。重庆警备区党委深刻认识到，要实现绿化长江，不是简单地植几棵树、种几亩草，而是要规划先行，军民一体、全军统筹，高水准规划、高水平建设，形成规模效应。因地制宜制定“百万千万工程”规划，分别为长江沿岸、荒山荒地、“四山一线”和部队营区量身定做了植树规划。3 年来，警备区累计组织和发动民兵预备役人员 130.38 万人次，植树 2 393.22 万株，绿化造林 32.83 万亩，植树成活率达 98%，为绿化长江做出了积极贡献。各单位积极向地方领任务、要项目、搞协调，迅速掀起了植树造林、绿化长江的热潮。秀山县人武部积极开展“打造森林秀山、再造青山绿水”活动，创下了 2010 年植树 201 万株的好成绩。彭水县人武部按照“突出重点、打造亮点，以点带面、整体推进”的思路，全面推广民兵专业分队“借地造林模式”，栽种树木 80 万株。巫山县人武部本着“植一棵树、成一片林、绿一方地”的理念，积极协调林业部门，在长江沿岸、民兵靶场等地域植树 40 万株，建成 5 个规模在 500 亩以上的“民兵生态林”示范基地。黔江区人武部结合辖区规划，重点推进江河水系、荒山荒地、道路沿线“三大工程”，3 年累计栽种各类经果林 75 万余株。渝北区、云阳县、忠县人武部等单位还结合驻地实际，积极创建“万亩民兵生态林”“百里柑橘长廊”，努力打造“百万千万工程”示范基地，树立了新时期人民军队能打仗、打胜仗的良好形象。

目前，库区生态环境得到极大改善，三峡景观全面升级，长江两岸水土流失现状得到有效遏制，三峡水库自我恢复功能、调节功能、净化功能得到全面增强，实现了“一江碧水、两岸青山、三林争艳”的人与自然和谐相处的新局面。

四、鄂尔多斯军分区治沙工程

（一）鄂尔多斯环境特征

鄂尔多斯高原上分布着我国八大沙漠之一的库布齐沙漠和四大沙地之一的毛乌素沙漠，全市近 8.7 万 km^2 的土地上，沙化和半沙化面积占 48.82%，加上该地地形起伏，沟壑纵横，沟网密布，河流、沟、川多为外流区，全市水土流失面积超过 4.7 万 km^2，占总面积的 54%，是黄河流域面积的 1/10，是内蒙古流失面积的 1/4。年侵蚀总量 1.9 亿 t，每年向黄河输沙 1.5 亿 t 左右，其中粗沙约 1 亿 t，分别占黄河中上游地区输入泥沙、粗沙总量的 10%和 25%。一些国内外专家认为鄂尔多斯是“水土流失之最”，有“地球环境癌症”之称。

（二）治沙绿化“115 工程”背景及工程概况

治沙绿化“115 工程”是根据军委、原总部机关和两级军区的指示，从鄂尔多斯地区经济、政治、社会的实际和后备力量建设的需要出发，着眼于共同建设经济发达、人民富裕、团结文明、山川秀美的新鄂尔多斯而提出来的。1997 年年初，以杭锦旗治沙绿化的成功经验为样板，以库布齐沙漠和毛乌素沙漠及其周边地区为主战场，在鄂尔多斯全市人武系统实施治沙绿化“115 工程”（一期工程）：每个旗（市）人武部治沙绿化不少于 1 万亩，乡（苏木）武装部不少于 1 000 亩，村、嘎查民兵连不少于 500 亩，3 年三级共完成 30 万亩治沙绿化任务。2002 年，内蒙古军区按照建设生态屏障总体部署，启动了“115 工程”建设二期工程，5 年内完成治沙绿化 40 万亩的任务。每年春、秋两季，分区统一组成建制出兵，分头实施办法，全面实施治沙绿化“万人大会战”。各单位以各自治沙绿化基地为战场，成建制组织官兵和民兵预备役人员挺进沙漠深处，搭起帐篷，点起炊烟，在沙漠中大干苦干，植树种草，开展治沙会战。据统计，全分区每年以6万～7万亩的治沙速度递进。

（三）主要成效

经过多年的不懈奋斗，各单位“万亩林”“千亩林”“百亩林”建设初具规模，累计治理荒漠80余万亩，成活率达70%，获得了明显的效果。2007年以来，按照“以点带面，分类指导、分区规划、分步实施、分项达标”的方法，全市人武系统因地制宜、科学实施生态建设，形成了“草灌乔结合、点线片连接、育围管并重、水电路配套、种养加成龙”的建设格局，获得了良好的生态效益、经济效益、社会效益和军事效益。2008年以来，东胜区人武部探索出了“机械打坑”“自然风化”“根部换土”等一系列在砒砂岩地质上植树造林的办法，植树造林3万余亩，并建成了用于截贮山体雨水的“聚源蓄水工程”，解决了植树造林用水问题。杭锦旗人武部18年如一日，艰难探索、艰苦奋斗，在被称为“死亡之海”的库布齐沙漠植树造林近10万亩，探索出容器植树法、前挡后拉法、撵沙腾地法等10多种沙漠植树、护树的方法，把生态基地建成了集民兵教育、训练、管理、日常生活于一体的综合基地，人武部被全国绿化委、人事部、国家林业局联合表彰为“全国防沙治沙先进单位”。

随着种植规模的不断扩展，“115工程”作为一项标志性工程，已经形成了融治沙造林与民兵参建、扶贫帮困、练兵用兵、参与和支援西部大开发于一体的参建模式。鄂尔多斯军分区组织民兵参与生态文明建设的经验和成果，成为鄂尔多斯生态建设的一面旗帜，为鄂尔多斯沙漠地区植树与砒砂岩地区植树闯出了一条新路子，同时也增强了全市各族人民改善生态环境的信心和决心。在学习借鉴鄂尔多斯军分区植树造林的经验后，鄂尔多斯市打起了植树造林的大会战，到目前为止，全市累计造林治沙2 000多万亩，建设绿色大市取得了显著成效，生态环境实现了由严重恶化到整体遏制、大为改善的历史性转变。

五、支援西部生态建设的绿色尖兵

几十年来，原兰州军区空军某航运团充分利用技术装备优势，在飞防灭火灭虫、飞播造林和人工增雨等方面为西部生态建设做出了巨大的贡献。

（一）飞播造林情况

飞播造林是人民空军支援国家生态建设、造福子孙后代的一项重大战略任务。该团一直把参加和支援西部建设作为一项光荣的政治任务，把完成以飞播造林为重点的各项任务当作服务人民、回报人民的平台。1982 年以来，该团先后在陕、甘、宁、青、蒙、黔、川 7 省（自治区）实施飞播造林，使 300 多个县（市）受益。在国家“三北”防护林建设中，该团飞播造林 200 多万亩，形成了 165 个万亩以上连片基地、15 个 10 万亩连片林带，在毛乌素沙漠南缘至定边之间形成了一条长达 420 km 的防风固沙、保护农田的绿色屏障。20 世纪生态破坏严重的榆林地区，目前播区的植被覆盖率由 1.54%上升到了 48.2%，流动沙丘基本达到固定或半固定状态；宝鸡 93%的荒山野岭穿上了绿装；延安地区牧草产量是飞播前的 10 倍；内蒙古阿拉善盟左旗的播区有苗面积达 78.13%，流动沙丘得到了彻底治理。进入 21 世纪后，该团及时把航空技术装备发展成果运用到飞播实践中，开展通信指挥、航空气象、飞播作业等领域科研攻关，改装具有卫星导航系统的专用飞播运输机，研制出“空中可调式定量播种器”“飞机烟条播撒系统”，撰写了《飞播技术提高与飞播种草质量的探讨》《飞播工作中的机务保障法》等论文，成功解决了飞播后种子位移、风蚀等难题，提高了飞播精度和陌生地域作业能力，填补了 6 项专业空白。

（二）人工增雨情况

黄土高原最稀缺的是雨水，树苗栽种后需要雨水滋润方能成长。1995 年年初，甘肃的天水、武威、张掖、兰州等多个城市出现连续干旱气候，有的庄稼无法下种，有的庄稼下种后出苗率不及 50%，更严重的是，部分地区的人畜饮用水都严重短缺。人工增雨是缓解旱情的一个有效途径，然而人工增雨作业是个危险性极大的技术活，飞机需要在云雾中甚至在雨中飞行。领受任务后，该团飞行员们克服重重困难，通过多次夜间飞行作业使作业地区普遍降雨，灾区旱情得到明显缓解。1998 年，甘肃再次遭受旱灾，航运团领受任务后，从 2 月开始，历时 200 多天，作业飞行 28 300 km，增加降水约 11 亿 m^3，使 11 个地（市）县的

14.5 万 km^2 土地受益，干旱地区普降小到中雨。有关部门统计，这次人工增雨可增收粮食 101 亿 kg，相当于 30 万亩良田的产量。2000 年，黄土高原普遍遭受特大旱灾，数千万亩草场、田地受灾，该团接到地方政府求援后，积极实施人工降雨，有效缓解了植被生长旱情，机组也创造了从来没有在下半夜飞行，一天连续飞行 3 个架次、9 个小时，接近最大飞行强度的增雨飞行记录。1995 年以来，航运团先后担负了陕、甘、宁、青等地的人工增雨任务，累计飞行 550 架次、1 453 小时 19 分，增雨效果在 20%以上。2008 年年初，该团先后改装了两套先进增雨设备，为缓解陕、甘、宁等地森林、牧区的严重旱情不断做出更大的贡献。

（三）飞防护林

甘肃定西地区脱贫致富的必然途径是种草种树，但这里的气候、土壤、降水量都不理想，严重制约着植树造林事业的发展。而该地区大东沟的无人区发现了 1 万多亩千年以上的我国稀有树种银杉，对研究黄土高原森林植被气候演变历史、探求该地区科学植树方法提供了宝贵资料。1984 年，一场虫灾悄然而降，林区 80%的树木都遭了蠖灾，树上的尺蠖大的如烟卷，小的似牙签，有的叶子还没展开就被啃光了。为保护这价值 5 亿多元的珍贵树种，当地政府决定采用一种先进的生物药品，它可使害虫不孕，但该药对人类同样有严重的伤害。为挽救国家和人民的财产，该团深入作业区，详细掌握作业区的位置、地形地貌、林木分布、害虫密度等情况，熟悉作业区内的河流、气流、地标地障等。10 天时间内，该团洒下了 72 t 药剂。万亩森林虫害得到了控制，尺蠖平均死亡率达 88%。自 1984 年执行飞防任务以来，该团先后完成了陕、甘、青等地区的灭虫灭蝗任务，保住了 600 多万亩的森林和草场。2004 年，青藏铁路通车典礼前，该团在一周时间内完成了向 900 km^2 的城区及周边喷洒药剂的任务，并创造了一次成功灭虫率 80%的纪录，为通车典礼创造了良好的生态卫生环境。

六、宁夏军分区军民共建“百里绿色长廊”绿化工程

（一）自然环境基本情况

宁夏吴忠市红寺堡区位于宁夏中部干旱带的罗山脚下，处于干旱草原向荒漠的过渡地带，气候干燥多风，经常出现周期性连续干旱气候，

地形南高北低、东高西低，地貌类型以丘陵沟壑为主，沟壑纵横、梁峁起伏、地形支离破碎，植被覆盖率不足 20%。由于长期以来的乱砍滥伐，过渡开垦、樵采、放牧、开矿和挖草药，该地区土地破坏严重，自然环境十分恶劣，沙尘暴频繁，农业生产滞后，人民群众生活比较困难。

（二）绿化工程实施概况

20 世纪 90 年代末，党和国家为改善宁夏贫困地区人民生产、生活条件，从根本上解决农村贫困人口脱贫致富问题，投资 36 亿元建成了红寺堡、固海等 4 个扬黄灌溉水利骨干工程，将黄河水从宁夏北部地区引到了中部干旱带，并建成了一大批小型灌溉、水保和人饮工程设施，较好地改善了当地农业生产和生活用水。1999 年，宁夏实施了生态移民工程，将生活在泾源、彭阳、西吉、海原等生态环境恶劣、生存条件极差的宁南山区 20 万群众分批次搬迁到了红寺堡区，使这里成为全国最大的生态移民区。首批移民来到红寺堡定居之初，生存条件和生活条件都非常落后。宁夏军区立即派出 400 名官兵，在当地植树造林、平田整地，自此拉开了军民共建绿色红寺堡的序幕。10 多年来，宁夏军区始终紧紧抓住生态建设这个事关红寺堡区可持续发展的基础工程，充分发挥桥梁纽带作用，积极协调组织驻宁部队和民兵预备役人员战风沙、斗酷暑、冒严寒，每年参加义务植树造林、平田修路等建设，共投入兵力 25 万多人次、工程机械车辆 6 500 多台次，种植新疆杨、旱柳、刺槐和白蜡等树木 260 多万株，荒山育林 70 多万亩，退耕还林还草 50 多万亩。为提高种植树木的成活率，确保种一株活一棵、植一年成一片，宁夏军区又指导红寺堡区专门成立了由 30 名应急分队队员组成的“民兵护林分队”，协调地方财政部门每年拿出 55 万元专项经费用于解决队员的工资、福利和生活保障，并投入 20 余万元为分队购置了服装、锹、镐、水罐车、巡逻车等装备器材，促进管林、护林工作。

（三）主要成效

多年来，在宁夏军区的积极协调组织下，通过驻宁解放军、武警部队和民兵预备役官兵的共同努力，红寺堡区在生态建设上取得了良好的环境效益、社会效益和经济效益。截至 2011 年年底，宁夏军区共完成人工造林 167.9 万亩（其中：防护林 14.39 万亩，经济林 26.7 万亩，退耕还林 25.98 万亩，荒山造林 86.33 万亩，封育 14.5 万亩），森林覆盖率达到 10.4%，林木绿化率达到 40%，土地沙化治理比例达到 40%，农田林网化率达到 85%，林业总产值达到 3 300 万元，实现了由“沙逼人退”向“人进沙退”的历史性转变。宁夏军区先后荣获 2010 年国家“三北”优质工程奖、2010 年全区林业生态建设先进集体、2012 年全区春季造林考核第一名、吴忠市 2011 年度林业生态建设二等奖的好成绩。国务院原副总理李岚清来红寺堡区调研时就用“有水塞江南、无水泪亦干，引黄造绿洲、万民俱欢颜”的诗句来赞叹这里生态环境的改善。

由于生态环境的不断改善，红寺堡区结合当地实际，大力加强特色农业、优质农业、精品农业的发展，累计发展水浇地 50 万亩，种植粮食 33 万亩，粮食总产量达 12 164 万 kg；建成了科冕、朝阳、中圈塘、上源、杨柳 5 个万亩以上葡萄基地和甜水河、兴旺、沙泉、豹子滩、城西、南源、红崖、红塔、茅头墩 9 个千亩以上葡萄基地，产果量达 1.1 万 t，被内蒙古汉森、河北张裕、威龙等公司全部收购，销售收入达 5 940 万元；发展标准化设施农业 5.4 万亩，在建成的 5 个设施农业示范园、19 个大小拱棚示范区和 5 个规模化养殖园区（场）中，种植西甜瓜、辣椒、甘蓝 9.45 万亩，红枣 2.3 万亩，饲养黄牛 4.17 万头，使农民人均纯收入从搬迁之初的不足 500 元跃升到 5 000 元以上。

七、阿克苏地区柯柯牙防沙林工程

柯柯牙防沙林工程地处天山中段南麓、塔里木盆地北缘，北起温宿县的革命大渠，南同阿（阿克苏）—塔（塔里木）公路林网相连，东与红旗坡农场、实验林场接壤，西瞰阿克苏市区和温宿县城。东西宽约 4 km，南北长约 25 km。

（一）自然环境特点及主要生态威胁

工程区域为洪积平原边缘形成的洪积阶地，地层岩性依次为黏土、粉砂黏土、砂质黏土、中细砂、粗砂等，砂壤土和黏土层覆盖约 10 m。其地形地貌十分复杂，有许多大面积碱包和高地，纵横着众多又宽又深的洪沟。海拔高度为 1 124～1 230 m，地面坡降 1/80～1/1 500。阶地部分地段生长有骆驼刺等杂草，但数量极少，分布稀疏。该区域属于大陆性暖温带干旱气候，日照充足，热量丰富；降水稀少，极端干旱；无霜期长，昼夜温差大，大风多。柯柯牙河年径流量为 0.93 亿 m^3，河道上游无建库条件，径流不能调节，水量不足。柯柯牙防沙林工程设计从阶地北侧边缘通过的温宿县革命大渠引水。革命大渠源于昆马力克河，渠道纵坡 1/3 000～1/1 500，设计过水能力 15 m^3/s，实际过水能力 8 m^3/s。区域面临的主要生态危害为沙尘暴和土地沙漠化。

（二）工程概况

柯柯牙防沙林工程位于阿克苏市、温宿县东面，是防止西北季风侵袭阿克苏市和温宿县城的大型防风林带。一期工程南起阿克苏东北城郊的地区职业技术学院，一直向北延伸至柯柯牙防沙林工程纪念馆，总面积为 2 万亩。二期、三期工程向阿克苏城区东南方向延伸，建设面积 3.8 万亩。目前，前三期工程已全部完成，绿化面积总计 5.8 万亩。第四期工程在前三期工程的基础上，分别向西北方向、东南方向延伸，目前已完成绿化总面积 11.32 万亩，最终形成从西北到东南环绕阿克苏市和温宿县城的绿色屏障。

（三）主要成效

1．生态效益

从 1986 年阿克苏地区数万名群众第一次在柯柯牙防沙林工程种植 2 559 亩树木开始，至 2012 年，形成了一条 27 km 长的绿色长廊，有效控制了沙漠前移，净增治沙面积 3.6 万亩，逐步改变了周边自然环境。通过地区气象台对柯柯牙区域数十年的气象资料分析，年沙尘暴次数减少 1.8 次，沙尘暴日数比造林前年平均值少了 6.5 天，大气总悬浮颗粒物降至 0.36 mg/m^3，冬季 1 月气温比造林前平均气温提高了 2～3℃，夏季 7 月气温下降了 0.3℃，降水比历年平均增加 6.1～18 mm。

2．经济效益

柯柯牙防沙林工程主要是依靠社会力量，发扬“自力更生、艰苦创业”的精神，建成、栽植的经济林已获丰收，苹果、香梨、桃等已进入盛果期，丰富了果品市场，果品已注册“西域王”商标，开始销往全国各地，累计创造经济效益近 12 亿元；已建成的万亩定植节水灌溉果园，每年可为当地每户果农增收 1.2 万元，成为农民致富奔小康的绿色产业。柯柯牙被国家农业部命名为“中国红富士之乡”，产出的“阿克苏苹果”“阿克苏红枣”“阿克苏核桃”等果品的品牌优势已逐步确立，知名度及市场占有率日渐提高。

3．社会效益

柯柯牙防沙林工程推动了阿克苏地区的造林进程，通过全民搞绿化探索出了一个新模式，创造了“自力更生、团结奋进、艰苦创业、无私奉献”的柯柯牙精神，使一批年轻的专业技术干部得到锻炼，拓宽了社会就业面，重要果品生产基地吸收了社会人员 5 500 余人。1996 年，该工程被联合国粮农组织评为“全球 500 佳境”之一；2000 年，被自治区评为“自治区环境综合治理优秀项目奖”“自治区科技成果四等奖”。